JN302914

THE ATLAS OF CANINE FIRST AID

イラストでみる犬の応急手当

編集
安川明男・今井康仁・左向敏紀・宮原和郎

講談社

執筆者一覧

編　者
- 安川　明男（西荻動物病院　相談役，上石神井動物病院　顧問）
- 今井　康仁（白神動物診療所　所長）
- 左向　敏紀（日本獣医生命科学大学獣医学部　教授）
- 宮原　和郎（帯広畜産大学動物医療センター　教授）

執筆者（五十音順）

有沢　幸二（ハート動物医療センター）	髙良　広之（アース動物病院）
飯島　治（バウワウ動物クリニック）	小嶋　佳彦（小島動物病院アニマルウェルネスセンター）
池原　一仁（フレンズ動物病院）	左向　敏紀（日本獣医生命科学大学獣医学部）
池原　秀壱（ペットメディカルセンター・エイル）	佐藤　貴紀（白金高輪動物病院）
石井　博（須賀川動物病院）	椎名　剛（西荻動物病院）
石黒　利治（石黒獣医科医院）	鈴木　通之（新桜どうぶつ病院）
石橋　徹（いのかしら公園動物病院）	髙橋　徹（高橋動物病院）
石橋　実佐子（いのかしら公園動物病院）	髙橋　みちる（西荻動物病院）
井上　貴文（西荻動物病院）	伊達　成寿（上石神井動物病院）
今井　康仁（白神動物診療所）	田中　孝之（カリフォルニア大学デービス校）
上田　耕司（上田動物病院）	田中　亜紀（カリフォルニア大学デービス校）
内田　良平（ウチダ動物病院）	永井　良夫（ながいペットクリニック）
柄本　浩一（えのもと動物病院）	廣中　俊郎（廣中動物病院）
小川　高（小川動物病院）	福岡　淳（西荻動物病院）
奥山　卓郎（奥山獣医科医院）	増田　聖（増田動物病院）
奥山　博之（奥山獣医科登別医院）	松倉　克仁（蔵の街動物医療センター）
笠原　和彦（カサハラアニマルメディカルセンター）	宮原　和郎（帯広畜産大学動物医療センター）
金鞍　博樹（山二ツ動物病院）	村田　篤（動物病院ムラタベッツ）
金子　真未（上石神井動物病院）	山口　優（上石神井動物病院）
木村　甲太郎（ノダ動物病院）	山田　武喜（亀戸動物病院）
栞野　悟（動物病院モルム）	

資料提供者 編集協力（掲載順；敬称略）

内山　博（内山動物病院）やけど p.67	今井　壯一（日本獣医生命科学大学）ジアルジア p.156, イヌニキビダニ・犬回虫・瓜実条虫 p.157
髙良　和恵（美幌動物病院）凍傷 p.69	森田　達志（日本獣医生命科学大学）イヌノミ p.157
益田　矩之（益田動物病院）食道内の異物 p.78	高橋　弘毅（札幌医科大学医学部）ブルセラ菌 p.157
大村　寛（中川動物病院）非貫通創 p.104	佐伯　英治（(株)サエキサイエンス リサーチ＆コンサルタンツ）犬鉤虫卵 p.157
フリー百科事典『ウィキペディア（Wikipedia）』アオダイショウ p.149	東京健康安全研究センター　カンピロバクター p.157
徳田　龍弘（野生動物写真家）ヤマカガシ・ニホンマムシ p.149　http://baikada.com/	多川　政弘（日本獣医生命科学大学）犬糸状虫 p.157
沖縄子どもの国　ハブ p.150	
三保　尚志（(財)日本蛇族学術研究所）ヒメハブ p.150　http://snake-center.com/	
国立感染症研究所　狂犬病ウイルス・レプトスピラ p.156	
桑原　章吾（元 東邦大学理事長）パスツレラ菌 p.156	
海老沢　功（元 東邦大学医学部）破傷風菌 p.156	

はじめに

　世界中で，人々は，動物と暮らすことにより，数多くの恩恵を受けつづけています．とくに犬は，約1万年前の昔から，私たちの仲間であり，友であり，ときに守りあい，助けあって生活をしてきました．その間，ともに暮らしている犬がけがや病気に見舞われた，その逆に人がけがをした，病に倒れたという歴史はいく度もあったはずです．ときどき報道などで耳にすることですが，散歩中に主人が倒れたときに犬が自宅まで全力疾走して家族に知らせた，ワンワン吠えつづけて助けをよんだ，また真冬の公園で，高齢者を体温で暖めて凍死から救ったりしてくれることが知られています．さらには気を失った人の顔をペロペロなめて意識を回復させたり，災害時に瓦礫に埋まって声も出せない人の口元をなめ，その唾液で乾きを癒され声が出せるようになり，助けをよべたなどといった，人に対するFirst Aidを犬はできうるかぎりの力で実施してくれています．

　そこで本書の編者・著者らは人間を代表して(?)，犬の病気やけがに対する応急手当を多くの人々に正確に実施していただくために，本書の作成を試みました．本書は，既刊，『イラストでみる犬の病気』『イラストでみる犬学』(いずれも講談社刊)同様，イラストでの表現を中心とすることで，内容をできるかぎりわかりやすく解説し，より正確な応急手当を，多くの人々に実施していただき，緊急状態に陥った犬の救命率を上昇させることを意図しています．過去にも，数多くの犬の応急手当に関する書籍が出版されていますが，本書では緊急的におこった病気やけがの応急手当の手法を解説するのみならず，心臓疾患や糖尿病など，慢性に経過する病気をもつ犬の症状が，緊急的に悪化した場合の対処法についても解説するように努めました．多くのドッグオーナーの方々が応急手当について理解・実施する際に，そして獣医師の先生方が飼い主の方々に犬の応急手当について解説する際にお役立ていただければ幸いです．

　最後になりますが，本書の作成にあたり，さまざまな難題を乗り越え，すばらしいイラストを描いてくださった田中豊美氏，山内　傳氏，全体構成についての多くのご指導を承った遠藤茂樹氏，そして出版に際し，多大なご尽力をいただきながらも多くの著者・編者たちのジャム・セッション的な性格からたびたび起こる原稿の遅滞を気長に見守っていただいた奥薗淳子氏，小笠原弘高氏，堀　恭子氏，小島ナツ子氏をはじめとする講談社サイエンティフィクの関係者のみなさまに深甚なる感謝の意を表します．

2009年10月

編者・著者を代表して
安川　明男

目 次

はじめに — III
本書の使い方 — VI

犬の基礎知識
- 犬の体 — 2
- 犬を飼うにあたって — 4
  - 【環境】 — 4
  - 【体の観察，食餌，トイレ】 — 6
  - 【飼い主が心がけたい習慣】 — 8

応急手当の基本
- 応急手当の目的 — 10
- 応急手当に必要な常備薬，衛生材料，器具 — 11
- 応急手当に備えて — 12

応急手当のポイント
- 犬の扱い方 — 16
- 犬の運び方 — 19
- 包帯 — 20
- 副木（副子） — 21
- 体温・脈拍・呼吸の測定，粘膜 — 22
- 創傷の消毒 — 26
- 非感染性の創傷 — 28
- 薬の投与方法 — 30
  - 【薬の飲ませ方】 — 30
  - 【眼への投与】 — 33
  - 【耳への投与】 — 34

救急時の特徴的な症状
- 下痢，吐く（嘔吐と吐出） — 38
- 便秘 — 41
- ショックをみきわめる — 42
- 心肺蘇生法（CPR法） — 44
- 痙攣 — 46
- 昏睡 — 47
- 失神 — 48
- 糖尿病 — 49
- 貧血 — 50

応急手当の実際
外傷
- 大量の出血 — 52
- 部位別の出血【耳，頭，眼】 — 54
- 部位別の出血【鼻，口，首】 — 56
- 部位別の出血【胸部・腹部，足，尾，爪】 — 58
- 膿瘍 — 60
- すり傷 — 62
- 刺し傷 — 64
- やけど（熱傷と熱湯熱傷） — 66
- 毒物，刺激物との接触による創傷（化学傷） — 68
- 凍傷 — 69
- 虫ざされ — 70
- 爪の異常 — 72
- かゆがる（掻痒） — 74
- 肛門嚢炎 — 76

内臓の異常
- 食道内の異物 — 78
- 胃拡張・捻転症候群 — 80
- 気道内の異物 — 82
- 呼吸困難 — 84
- 咳 — 86

THE ATLAS OF CANINE FIRST AID

- 窒　息 ——— 88
- 肺水腫 ——— 90
- 排尿困難 ——— 92
- 毒物摂取 ——— 94
- 薬剤過敏症 ——— 96
- 心臓病で注意すべき症状 ——— 98
  - 【咳】 ——— 98
  - 【呼吸困難】 ——— 99
  - 【努力呼吸】 ——— 100
  - 【卒　倒】 ——— 101

頭部の異常
- 耳〔外傷（掻創を含む），感染〕 ——— 102
- 眼〔外　傷〕 ——— 104
- 角膜疾患〔破裂，潰瘍〕 ——— 106
- 失　明 ——— 108
- 眼球突出 ——— 110
- 口腔内の異物 ——— 111
- 歯肉の異常〔色の変化，口蓋，歯，口唇など〕 ——— 112
- 口蓋の異常 ——— 113

生殖器の異常
- 膣脱，子宮脱 ——— 114
- 偽妊娠 ——— 116
- 陰茎突出 ——— 117

関節・骨の異常
- 足の骨折 ——— 118
  - 閉鎖性骨折（前肢） ——— 118
  - 開放性骨折 ——— 120
  - 閉鎖性骨折（後肢） ——— 122
- 足の脱臼 ——— 124
  - 前　肢 ——— 124
  - 後　肢 ——— 126
- 脊髄損傷 ——— 128
- 脊髄の病気で注意すべき症状 ——— 130
- 跛　行 ——— 132

事故ほか
- 落下物にあたった ——— 134
- 交通事故 ——— 136
- 水中に落ちた ——— 138
- 感電した ——— 140
- 熱中症（熱射病，日射病） ——— 142
- 低体温 ——— 144
- 落下した ——— 146

ヘビ咬傷・ヒキガエル接触
- ヘビにかまれた ——— 148
  - 【無毒のヘビ，有毒のヘビ】 ——— 148
  - 【ハ　ブ】 ——— 150
- ヒキガエルに接触した ——— 151

出　産
- 分　娩 ——— 152
- 難　産 ——— 154

付　録
- 人にも感染する犬の病気 ——— 156

索　引 ——— 158

本書の使い方

本書は，次のような構成になっています．

▶犬の基礎知識
　犬の体をはじめ，犬を飼うにあたっての環境や食餌ほか，日頃から心がけておきたい習慣について，犬の基礎的な知識を解説します．

▶応急手当の基本
　応急手当をする目的や，応急手当をスムーズにするために日頃からしておきたい準備について解説します．

▶応急手当のポイント
　犬の扱い方や運び方，体温の測定，包帯の仕方，薬の飲ませ方など，応急手当をする際に必要な処置方法を解説します．

▶救急時の特徴的な症状
　応急手当が必要な際に犬に現れる救急の症状（ショック症状，心肺停止，痙攣，昏睡など）について，その対処方法を解説します．

▶応急手当の実際
　応急手当が必要な各症状の処置方法を，次に示す方法で解説します．

- 症状について簡単に説明します
- 症状に関係する，やや詳しい解説です
- 関連項目を解説しているページを示しています
- 犬の状態に応じて矢印が示す処置をしましょう
- とくに緊急を要するので急ぎましょう
- 応急手当の助けとなるポイントを示しています
- 気をつけるべきことや，まちがえやすい注意点を示しています

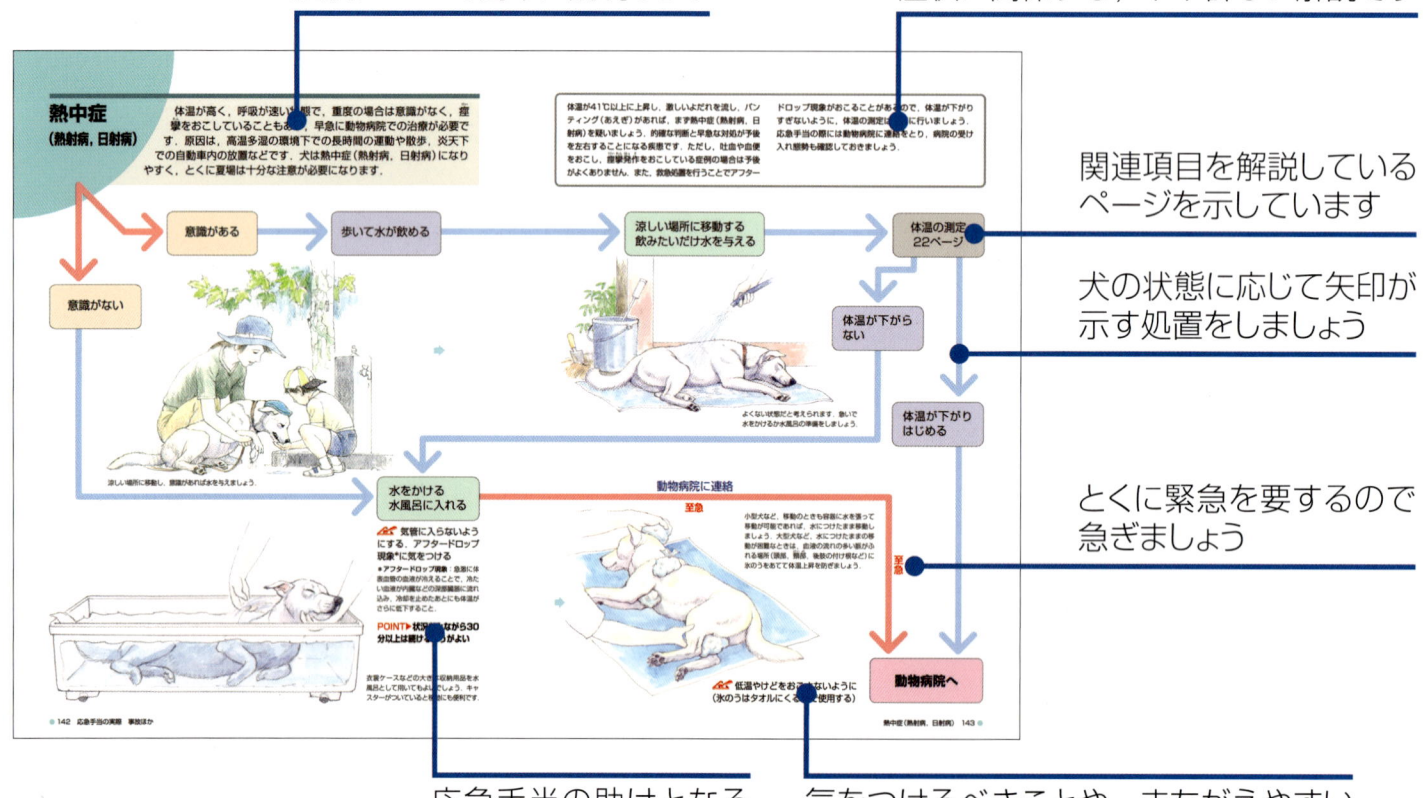

※本書では一般的な応急手当について解説しています．手当の現場でこれらの場合があてはまらないこともあります．
不明な点等があるときには，必ず動物病院の指示を仰いでください．

また，本書で紹介しているのはあくまで応急手当です．応急手当をした場合はそれだけですませず，必ず動物病院の診察を受けてください．

＜アートディレクション・レイアウト＞
　遠藤茂樹

＜イラストレーション＞
　田中豊美
　山内　傳（犬の体 p.2, p.3）

犬の基礎知識

- 犬の体 ― 2
- 犬を飼うにあたって ― 4
  - 【環　境】― 4
  - 【体の観察，食餌，トイレ】― 6
  - 【飼い主が心がけたい習慣】― 8

犬の体

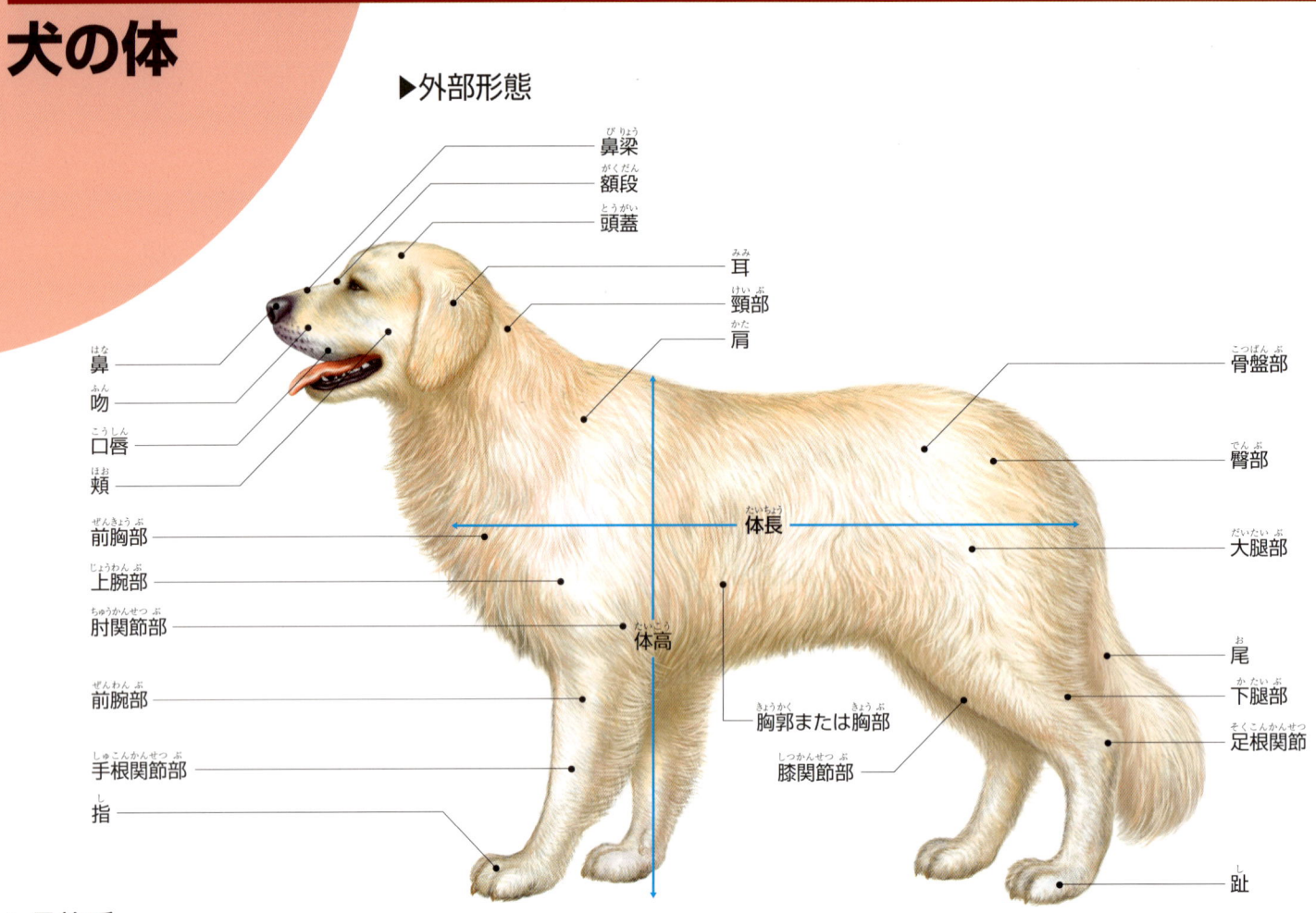

▶外部形態

部位	よみ
鼻梁	びりょう
額段	がくだん
頭蓋	とうがい
耳	みみ
頸部	けいぶ
肩	かた
骨盤部	こつばんぶ
臀部	でんぶ
鼻	はな
吻	ふん
口唇	こうしん
頬	ほお
前胸部	ぜんきょうぶ
上腕部	じょうわんぶ
肘関節部	ちゅうかんせつぶ
体高	たいこう
体長	だいちょう
大腿部	だいたいぶ
前腕部	ぜんわんぶ
胸郭または胸部	きょうかくまたはきょうぶ
尾	お
下腿部	かたいぶ
足根関節	そくこんかんせつ
手根関節部	しゅこんかんせつぶ
膝関節部	しつかんせつぶ
指	し
趾	し

▶骨格系

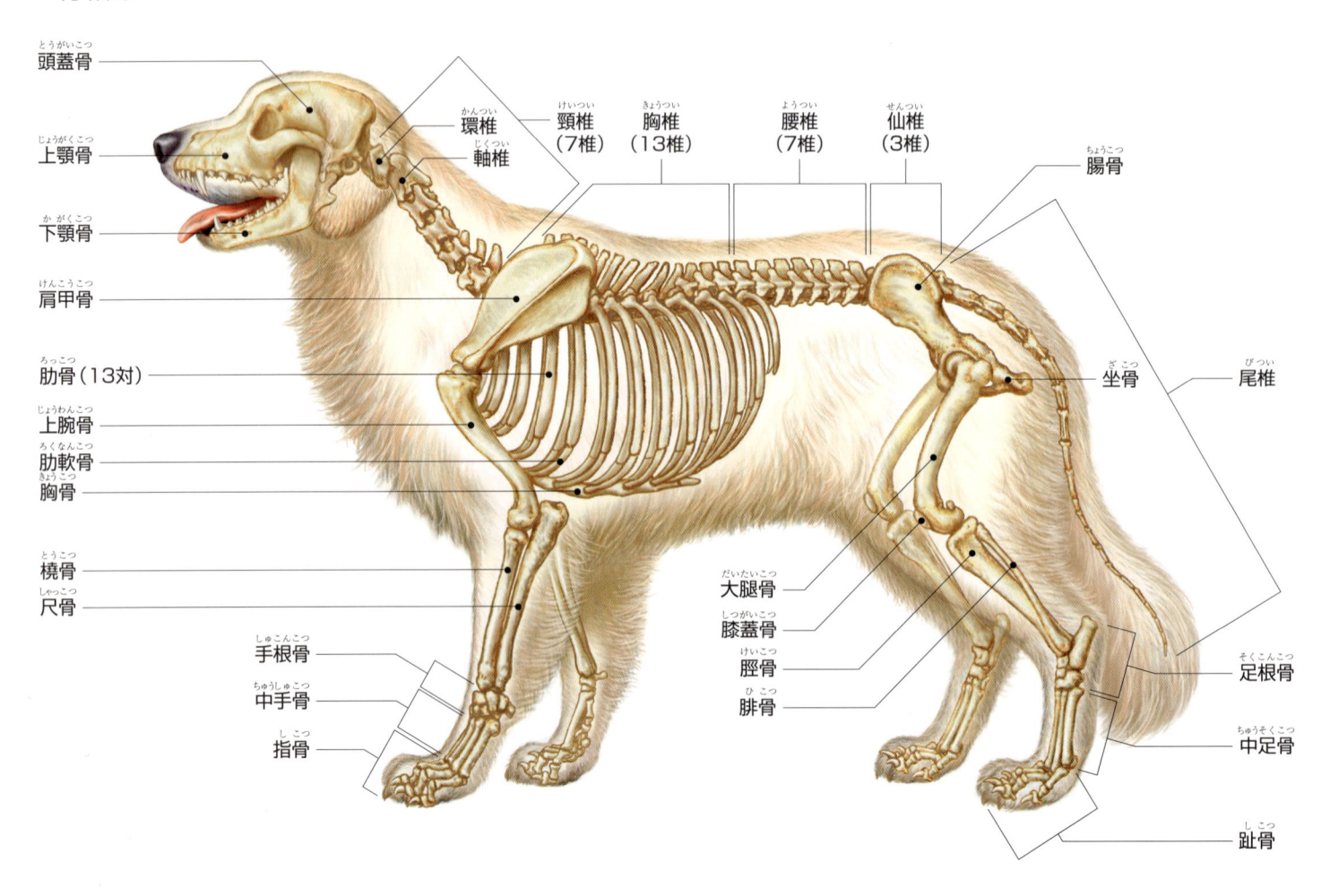

部位	よみ
頭蓋骨	とうがいこつ
上顎骨	じょうがくこつ
下顎骨	かがくこつ
環椎	かんつい
軸椎	じくつい
頸椎（7椎）	けいつい
胸椎（13椎）	きょうつい
腰椎（7椎）	ようつい
仙椎（3椎）	せんつい
腸骨	ちょうこつ
肩甲骨	けんこうこつ
肋骨（13対）	ろっこつ
上腕骨	じょうわんこつ
肋軟骨	ろくなんこつ
胸骨	きょうこつ
坐骨	ざこつ
尾椎	びつい
橈骨	とうこつ
尺骨	しゃっこつ
大腿骨	だいたいこつ
膝蓋骨	しつがいこつ
手根骨	しゅこんこつ
中手骨	ちゅうしゅこつ
指骨	しこつ
脛骨	けいこつ
腓骨	ひこつ
足根骨	そくこんこつ
中足骨	ちゅうそくこつ
趾骨	しこつ

▶内臓系(雄)

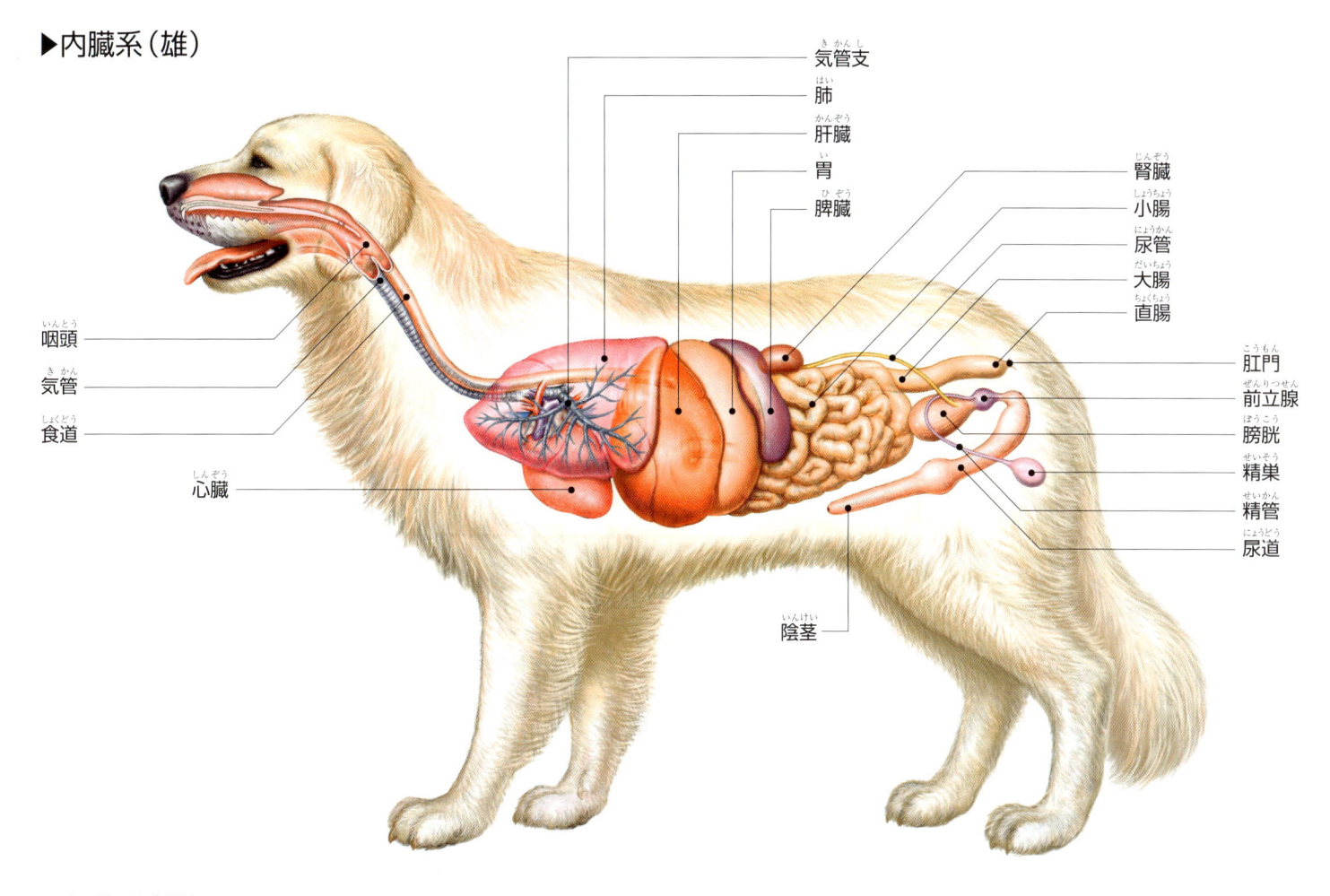

- 気管支(きかんし)
- 肺(はい)
- 肝臓(かんぞう)
- 胃(い)
- 脾臓(ひぞう)
- 腎臓(じんぞう)
- 小腸(しょうちょう)
- 尿管(にょうかん)
- 大腸(だいちょう)
- 直腸(ちょくちょう)
- 肛門(こうもん)
- 前立腺(ぜんりつせん)
- 膀胱(ぼうこう)
- 精巣(せいそう)
- 精管(せいかん)
- 尿道(にょうどう)
- 咽頭(いんとう)
- 気管(きかん)
- 食道(しょくどう)
- 心臓(しんぞう)
- 陰茎(いんけい)

▶内臓系(雌)

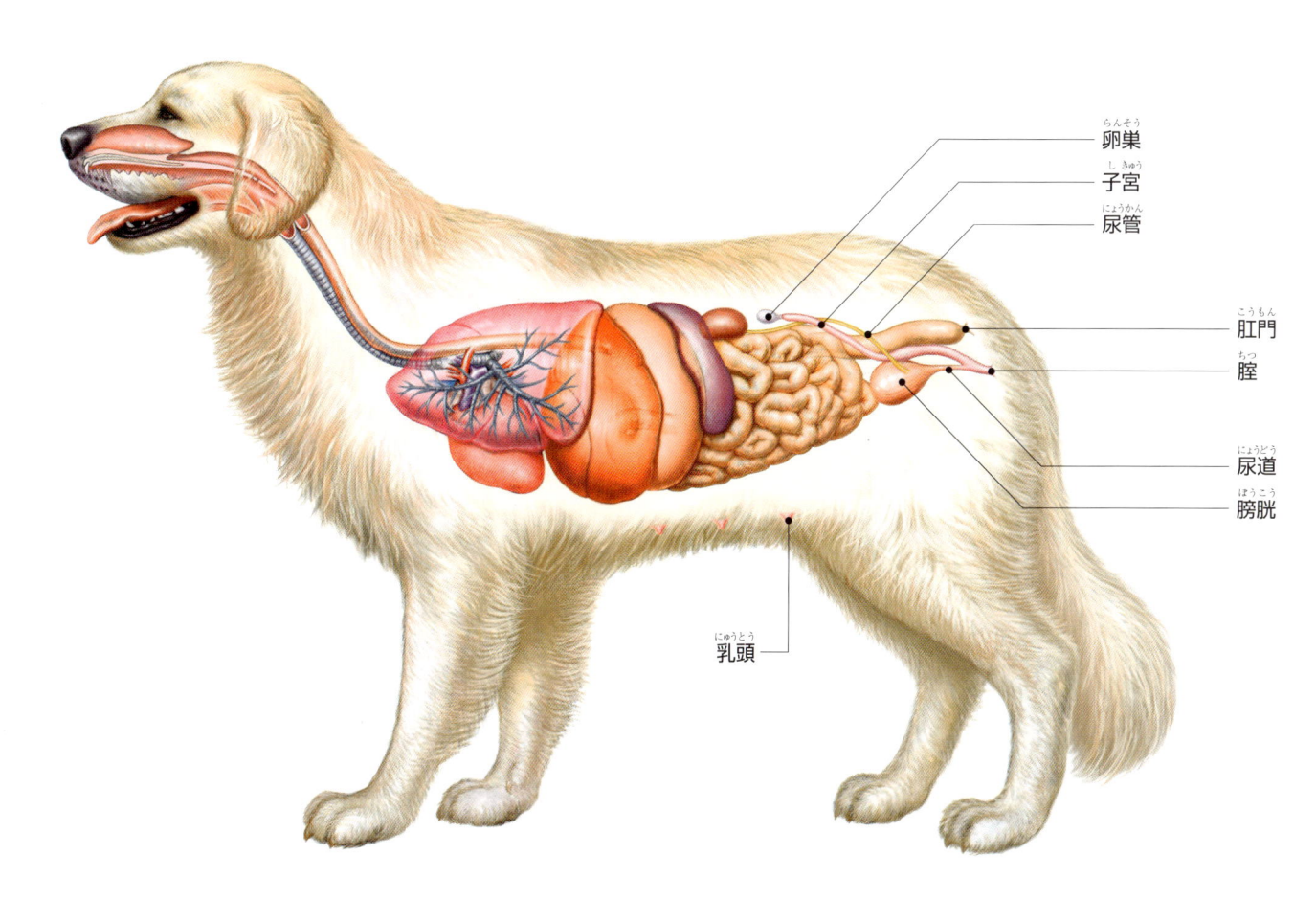

- 卵巣(らんそう)
- 子宮(しきゅう)
- 尿管(にょうかん)
- 肛門(こうもん)
- 腟(ちつ)
- 尿道(にょうどう)
- 膀胱(ぼうこう)
- 乳頭(にゅうとう)

犬の体

犬を飼うにあたって
【環　境】

人をとりまく環境がさまざまなように，犬をとりまく環境もさまざまです．また，犬の大きさによってその行動様式は大きく異なり，同じ家に飼われていても置かれている環境はまったく違うといえます．普段から個々の犬の行動範囲と環境要因を飼い主が熟知することは，病気や事故を未然に防ぐために，とても大切なことです．

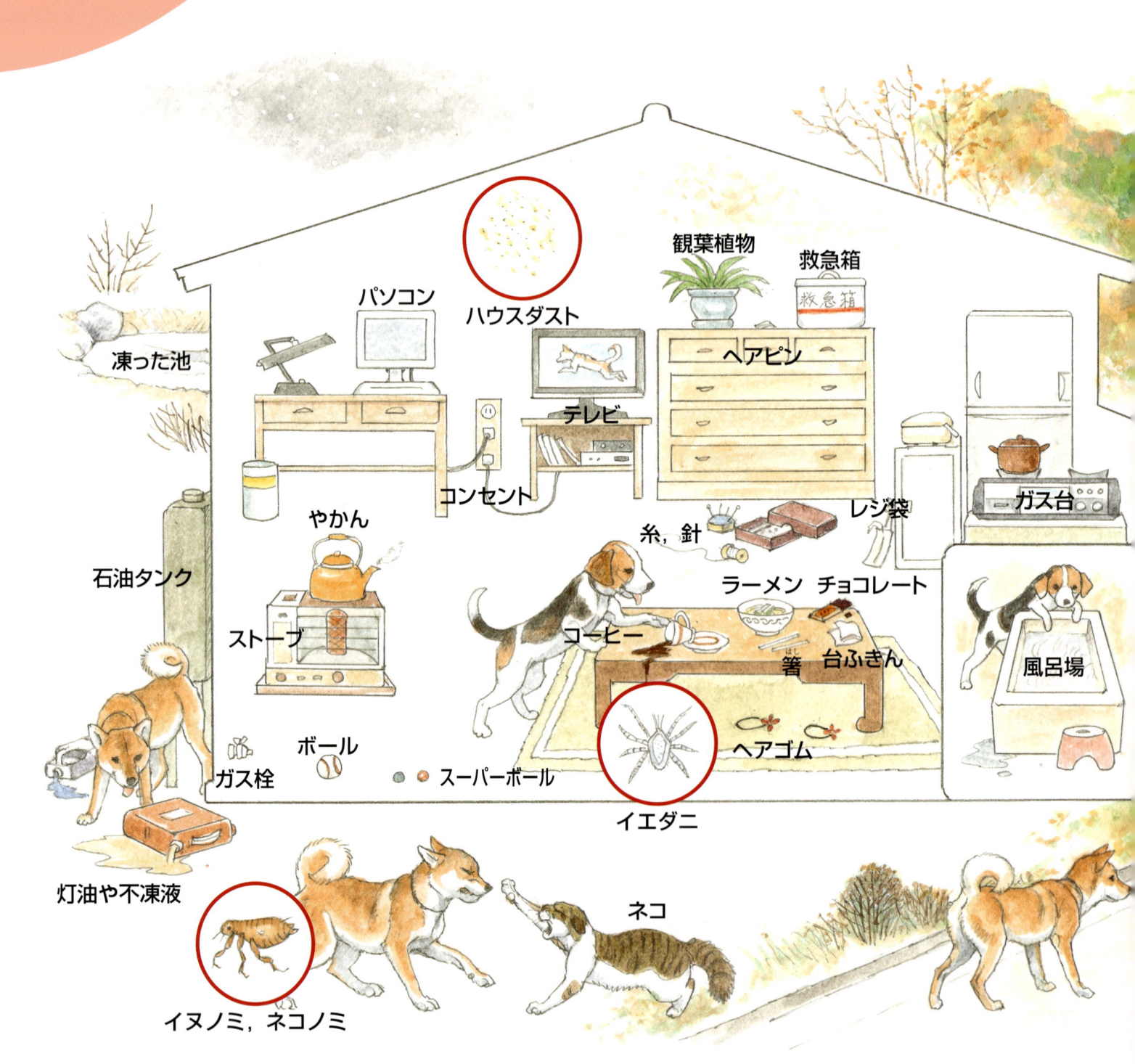

[室内環境]

室内で飼っている犬にとっては一生のうちのほとんどをそこでくらすといってもよいかもしれません．室内は犬にとって興味津々なものがたくさんあります．子犬や物をかじる癖のある犬は，異物を誤って飲み込む，電化製品をかじって感電する，人の薬を飲んで中毒をおこすなどの危険に注意しましょう．また，ハウスダストや室内のさまざまなアレルギー物質によるアレルギー症状もおこりますので，室内環境の観察はよく行っておくようにしましょう．

犬をとりまく環境を飼い主が熟知しておくことは、病気を未然に防いだり、病気の原因を明らかにしたりするうえでとても大切なことです。言葉を話さない犬の代弁者として、普段からしっかりと観察するようにしましょう。観察するうえでいちばん大切なことは、犬の視点で観察することです。冷房や暖房が人には心地よくても、犬には寒すぎたり暑すぎたりというのはよくあることです。さらに、犬は立ち上がったり跳んだりすると、飼い主が思うよりも高いところに口が届くものです。いたずらしそうなものは十分高いところに置きましょう。また、外部環境は季節によってもだいぶ異なります。四季折々、犬の視線で環境の違いを慎重に観察する癖をつけましょう。

[外部環境]

室内で飼われている犬は散歩のとき、屋外で飼われている犬は庭や散歩、民家近くなどで普段接している環境です。大気の汚染、環境に存在するさまざまなアレルギー物質によるアレルギー症状、かまれたり接触したりすると中毒をおこしてしまう生物との遭遇、ほかの動物の糞などに存在する細菌、ウイルス、寄生虫の感染など、外の世界は危険がいっぱいです。毎日の散歩コース、犬の立ち寄り先などはいつも注意深く観察しておくようにしましょう。

【体の観察, 食餌, トイレ】

犬は体調の異常を飼い主に訴えることはできません．犬の病気を見逃して悪化させないためには平常時の観察を心がけるようにしましょう．観察のポイントは基本的に毎日できることばかりです．元気なときをよく観察しておくと，元気がないときや異常があるときにすぐに発見できるようになります．

[体の観察]

①体の観察，②耳の臭気，③口の臭気，歯肉の異常（腫れていないか，赤くないか，出血していないか，歯が折れたり，抜けたりしていないか），④けがや腫瘍(しゅよう)の有無，⑤被毛・体表などの異常（抜け毛や腫れはないか）．

やさしく言葉をかけながら手入れやスキンシップの一環として観察しましょう．

▶口のなかを観察する

口の周辺をさわって，痛がったり嫌がったりしないか，口がにおわないか，歯肉や舌の色は正常（ピンク色）か観察しましょう．

▶肛門を観察する

▶眼を観察する

▶耳のなかを観察する

眼のまわりに異常はないか，目脂など分泌物が多くないか，眼の表面が濁っていないか，眼をさわると痛がったりしないか観察しましょう．

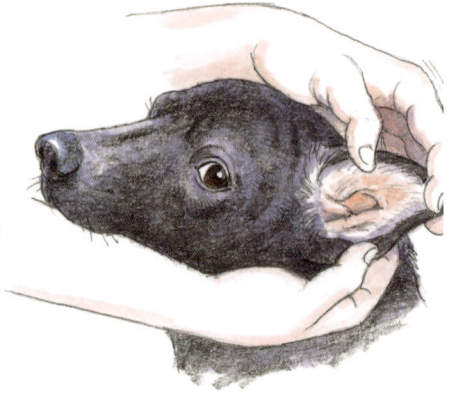

耳垢が多くないか，赤くなったり黒ずんでいないか，膿が出ていないか，耳のなかのにおいが強くないか観察しましょう．

肛門の周辺が腫れていないか確かめましょう．

6　犬の基礎知識

［食　餌］

適正な量を食べているか，偏った食生活になっていないか，食欲不振，嘔吐，下痢，軟便，便秘などはしていないか，水を飲まなかったり，たくさん飲んだりしていないか，日頃からよく観察しましょう．

タマネギ・長ネギなどのネギ類
チョコレート
コーヒー，紅茶，緑茶
香辛料
ブドウ，レーズン
牛乳（人用）
魚や鶏などの骨
キシリトール製品

［トイレ］

尿がしっかり出ているか，色の変化はないか，トイレの時間は長くないか，トイレの回数は多くないか，下痢，血便，血尿はしていないか，寄生虫はいないか，よく観察しましょう．

◆食べさせてはいけない・気をつけなければいけない食べ物

タマネギ・長ネギなどのネギ類：犬に与えてはいけない代表的な食べ物です．ネギ類にはN-プロピル・ジ・スルフィドという，犬の血液中のヘモグロビンを酸化し，結果的に赤血球を破壊（溶血）させてしまう成分が含まれ，摂取すると溶血性貧血，血尿，下痢，嘔吐などをひきおこします（タマネギ中毒（手当は94ページ））．大量に食べる（体重1kgあたり15～20g）と命にかかわるので十分に気をつけましょう．なお，タマネギの毒性は加熱（調理）しても変化しないので，ハンバーグ，すき焼き，牛丼などの残り物を与えるのはとても危険です（コンソメにも含まれるので注意）．

チョコレート：成分のテオブロミンが，下痢，嘔吐，動悸，震え，昏睡，痙攣，多尿などの症状をひきおこします（チョコレート中毒（手当は94ページ））．

コーヒー，紅茶，緑茶：成分のカフェインによりチョコレートと同じような症状が出ます．

香辛料（唐辛子，ワサビ，カラシなど）：感覚麻痺をおこす可能性があります．

ブドウ，レーズン：下痢や嘔吐，腎障害をおこします．

牛乳（人用）：下痢をひきおこす可能性があるので犬用ミルクを与えましょう．

魚や鶏などの骨：胃や腸を傷つけてしまう場合があるので気をつけましょう．鶏の骨は牛の骨などよりやわらかいので，かみ砕いたときにとがって消化器系を傷つけてしまう場合があります．

キシリトール製品（人用のガムなど）：インスリン過剰分泌をおこし，低血糖や肝障害をおこします．

このようなことからもペットフードを中心にバランスよく与えるのがいちばんよいでしょう．

【飼い主が心がけたい習慣】

病気の予防・回復のために日常から習慣にしておくべき事項について解説します．これらは犬が嫌がることばかりなので，しっかりと習慣にしておかなければなりません．スキンシップを大切にして，健康なときだからこそ辛抱強く，ふれても怒らないようにしつけましょう．しつけは犬にやらせるというよりも，飼い主もいっしょに慣れるという姿勢が大切です．

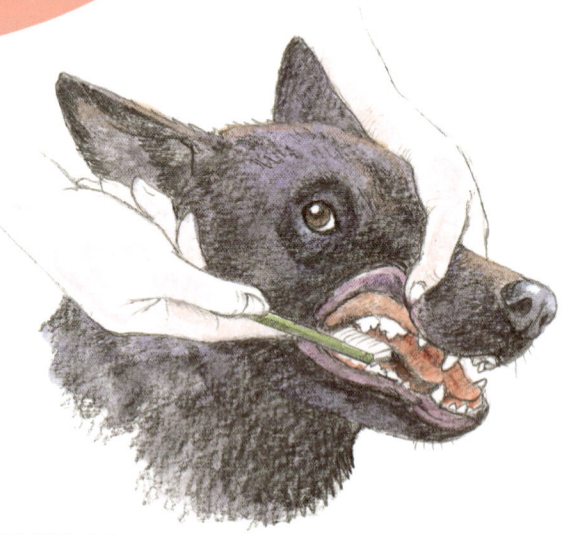

[歯磨き]
毎日きちんと続ける癖をつけましょう．同時に歯石などのチェックもしましょう．歯磨きは食後30分以内にするとよいでしょう．犬歯や奥歯は歯石がつきやすいので念入りにしましょう．

[日頃からのスキンシップ]
体の観察など，体にふれても怒らないようにしつけることが大切です．

[体重測定]
小型犬はベビースケールなどで量りましょう．中型犬・大型犬は飼い主がまず抱き上げていっしょに体重を量り，飼い主の体重をひきましょう．

[行動の注意]
拾い食いをするなど，好ましくない行動については日頃から注意をしてしつけましょう．犬が立ち止まってにおいをかぐような行動をしたときは，必ず何が落ちているのか確認しましょう．

応急手当の基本

- 応急手当の目的 — 10
- 応急手当に必要な常備薬，衛生材料，器具 — 11
- 応急手当に備えて — 12

応急手当の目的

「呼吸が止まってしまった」「骨が折れてしまった」「急に餌を食べなくなってしまった」など，突然，状態が悪化してしまうことがあります．そのようなときに，苦しむ犬に対して最初に行う治療行為が応急手当です．応急手当の目的には「救命」「悪化防止」「苦痛の軽減」の3つがあります．

［救命］

応急手当の最大の目的は，緊急時に犬の生命を救うこと，つまり救命です．正しい応急手当の知識と技術を習得し，すぐに処置をすることができれば，犬の生命を救命する例が増えるでしょう．

［悪化防止］

応急手当はけがや病気を治すために行うのではありません．現状以上に悪化させないということを目的に行います．たとえば，骨折をしてしまったときに固定をするということは悪化防止につながり，その後の動物病院での治療を早めることにもつながります．

［苦痛の軽減］

突然けがを負ったり，病気になってしまった犬は，大きな身体的苦痛を伴い，あわせて精神的苦痛も感じているはずです．適切な手当を施しながら，犬にやさしく声をかけてあげてください．安心させるために名前を呼んであげたり，声をかけてあげることはとても大切です．

応急手当に必要な常備薬，衛生材料，器具

生き物ですから，急にけがを負ったり病気になってしまうことがあります．そのような緊急の場合に備えて，いくつかの薬品や器具などを用意しておきましょう．いわゆる『犬の救急箱』です．次のようなものをそろえておけば，すぐに対応ができるはずです．救急箱は一年に一度は内容の点検をしましょう．

[犬の救急箱]

●外用薬
- 消毒用アルコール：器具や指・趾の消毒用．傷口の消毒には他の薬品を使用する．
- オキシドール：脱脂綿などにつけて傷の汚れをとる．
- 外傷用消毒薬：色のついた消毒薬は傷の確認ができなくなるので無色のものがよい．
- 軟膏，ワセリン：皮膚の保護や感染を予防する．
- 止血用粉剤：爪切りによって出血したときの止血に使用する．
- 眼薬（涙液型の眼薬）：眼の外傷時にガーゼなどを湿らせるのにも適している．

●内服薬
- 病院で処方された薬があれば入れておく．

●衛生材料・器具
- ガーゼ（滅菌）
- 脱脂綿
- 包帯（粘着包帯，伸縮包帯，テープ包帯など）
- 三角巾
- ナプキン（衛生）
- ばんそうこう
- 綿棒
- 毛刈りばさみ，はさみ
- ピンセット，毛抜き，できれば鉗子
- 爪切り
- 犬用電子体温計
- スポイト（投薬用）
- 酸素スプレー

●そろえておきたいもの
- きれいなタオル（大，中，小）
- さらし
- セロハンテープ，ビニールテープ，粘着テープ
- 輪ゴム
- バリカン
- 氷のう，氷枕
- 保冷剤
- 湯たんぽ
- 毛布，タオルケット
- カイロ（使い捨て）
- カラー（エリザベスカラー，ドーナツカラー）
- わりばし
- ビニール手袋，ゴム手袋
- 大さじ
- 棒，板（金属，木，プラスチック）
- ものさし（30cmくらいのもの）
- 雑誌
- 担架または応急担架（14ページ）

購入については動物病院やペットショップなどで相談してください．

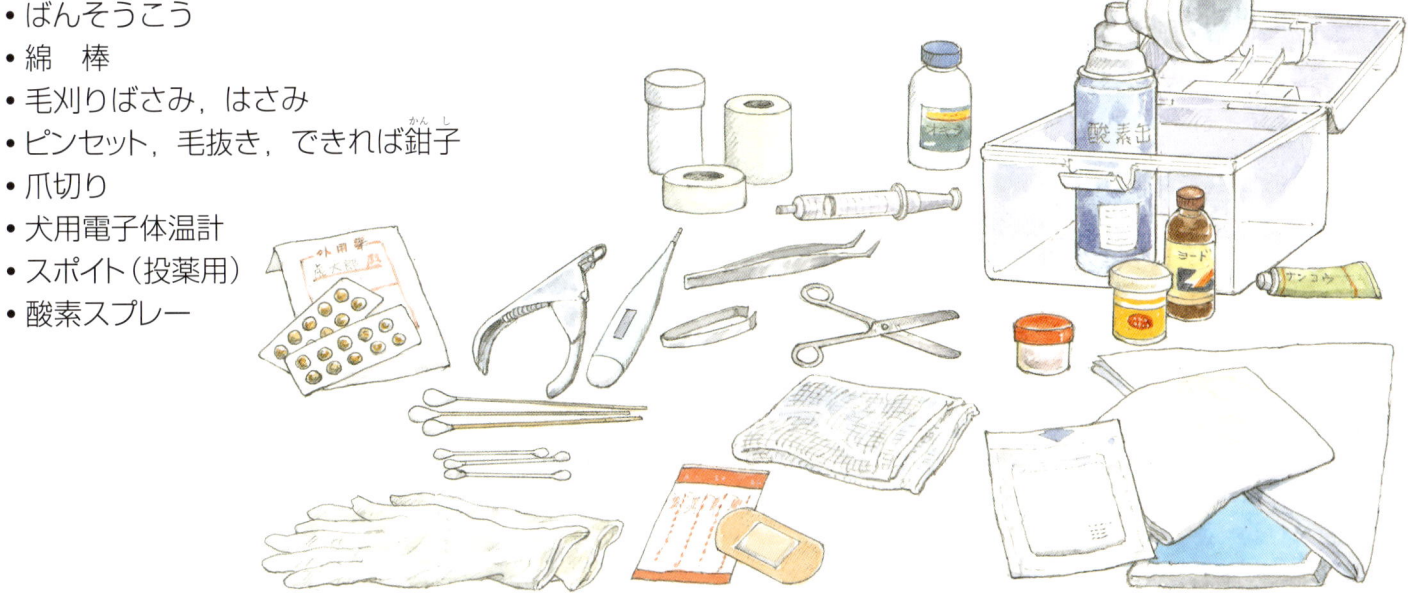

応急手当に備えて

応急手当が必要なケースは，突然に訪れます．そのようなときに冷静に対応ができるよう，日頃から応急手当について学び，練習やシミュレーションをしておくとよいでしょう．
正しい知識と技術があって，はじめて的確かつ迅速な応急手当を行うことができるのです．

[動物病院への連絡体制]

あらかじめ近くのかかりつけの動物病院が，救急処置に対応しているか確認しておきましょう．
時間外診療が可能な救急病院も探しておいたほうがよいでしょう．またこのような動物病院の電話番号や救急時に必要な電話番号（たとえば，搬送に必要なタクシーなど）は，表にしてみえるところに貼っておくとよいでしょう．

○○ちゃん用電話帳	
○○動物病院	00-0000-0000
○○動物病院（夜間）	00-0000-0000
○○夜間救急動物病院	00-0000-0000
○○ペットタクシー	00-0000-0000
○○タクシー	00-0000-0000

目につくところに電話番号表を貼っておけば，緊急時に番号を調べる手間と時間が省け，すぐに電話をかけることができます．

[けがや病気をした犬の運び方]

けがや病気をした犬は，応急処置をしたあとに動物病院に運ぶ必要があります．車を所持していない場合は，タクシーやペットタクシーを呼べるようにしておきましょう．

とくに大きな犬の場合には，十分な大きさの丈夫な布などを担架代わりに使って，全身状態に気を配りながら何人かで声をかけあって，ゆっくりと慎重に運びましょう．

[外出をするときは薬や道具を携帯する]

犬を連れて外出するときは，応急手当に必要な薬や道具を常に持ち運ぶことを心がけましょう．

●お散歩バッグの中身
- 携帯電話
- 水を入れたペットボトル（糞尿の処理）
- ビニール袋（糞の処理）
- 消毒薬
- ガーゼ
- 包帯
- タオル（中）
- ばんそうこう
- ポケットティッシュ

不測の事態に対応できるように，消毒薬，ガーゼ，包帯，場合によっては酸素スプレーなどのすぐに必要になる可能性のあるものはとり出しやすい場所に入れておきましょう．

[冷静な判断]

救急疾患の場合，「いつ」「どこで」「どういうふうに」「どのくらい」「どうなった」といった，けがや病気の情報がその後の治療にとても重要になります．

冷静に状況・状態を判断して，そのときの状況・状態をメモに書き留めるなりして覚えておくとよいでしょう．

近くにいる人に協力を得る

車のナンバーを記録しておく．事故のときなど治療費に自動車の対物保険が適用できる場合もある

あわてずに，そのときの時間，症状やその変化などをしっかりと覚えておき，あとで正確に動物病院に伝えられるようにしましょう．

[応急担架のつくり方]

担架がない場合は，衣類や毛布，棒（竿）を使って，応急担架をつくることができます．

● 衣類を使ってつくる

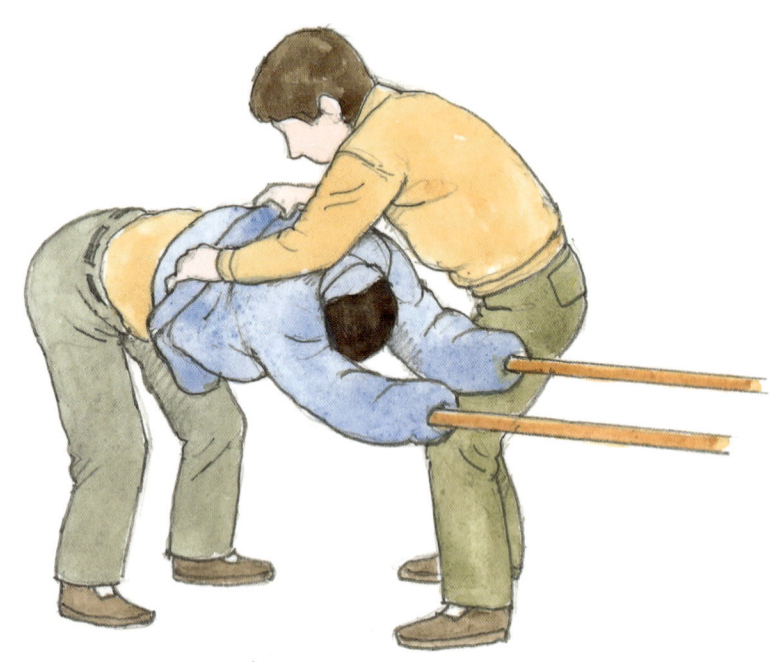

①イラストのように，衣類の袖を2本の棒に通し，身ごろを裏返します．

②犬の大きさにあわせて衣類の枚数を調節しましょう．

● 毛布を使ってつくる

①毛布の1/3のところに棒を置きます．

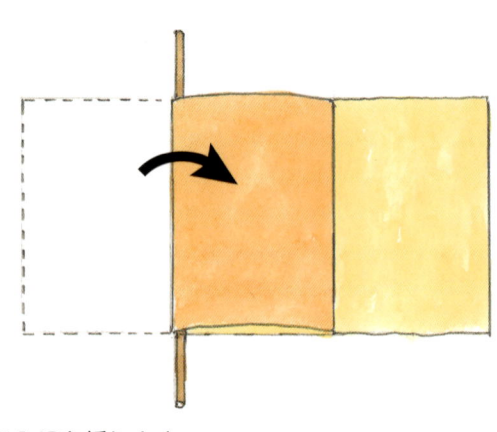

②毛布の1/3を折ります．

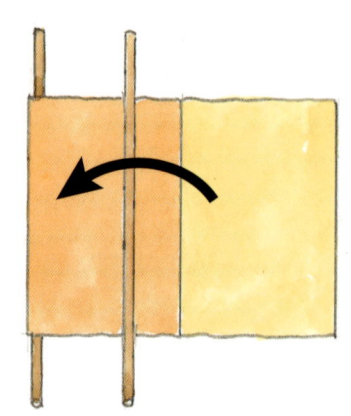

③1/3を折った端部分の余裕を十分にとり，2本目の棒を置いて反対側を折り返します．

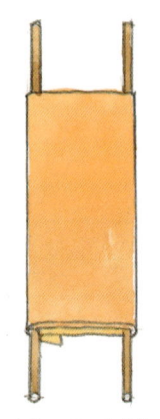

④折り返しがしっかりとしていれば，犬の体重がかかるので滑ったりしません．

14 応急手当の基本

応急手当のポイント

- 犬の扱い方 — 16
- 犬の運び方 — 19
- 包　帯 — 20
- 副木（副子）— 21
- 体温・脈拍・呼吸の測定，粘膜 — 22
- 創傷の消毒 — 26
- 非感染性の創傷 — 28
- 薬の投与方法 — 30
  - 【薬の飲ませ方】— 30
  - 【眼への投与】— 33
  - 【耳への投与】— 34

犬の扱い方

普段,人に慣れておとなしくしている犬であっても,事故に遭ったり,けがを負ったりすると興奮状態になってしまいます.その場合には,興奮状態を静めるように落ち着かせ,状態を悪化させないようにする必要があります.また,見知らぬ犬を保護する場合には,保護しようとする人がけがを負わないように注意しましょう.いずれの場合においても,とにかくあわてず落ち着いて接するように心がけましょう.

[犬への近づき方]

①犬の状態と様子をみながら少しずつ近づきます.
　＊鼻にしわを寄せていたり,極度におびえたりしていないか,さりげなく確認しましょう.
　真正面からじっと目を合わせながら近づくと犬は恐怖心を抱きます.
②近づくことに慣れたら,少しの間その場でしゃがんでじっとしていましょう.
　＊向こうから近づいてきて,においをかぐまで待ちましょう.
③慣れてきたら手の甲をさし出し,においをかがせます.
④さわれるようになったらやさしくなで,ゆったりとした動作で体をさわっていき,首輪がついているようであれば首輪を持ってみましょう.
　首輪がなければ太めの犬用リードで輪をつくり,首輪代わりに使用しましょう.

☞ 襲いかかってくるような場合はこのかぎりではないので注意

極度の緊張が解けない場合,かまれる恐れがあるので無理に近づかないようにしましょう.

緊張しておびえている犬がいたら,目を合わせないようにして少しずつ近づくようにします.

犬に対して真正面にならない位置にしゃがみ,犬のほうから興味を示してくれるまで待ちます.

犬が慣れてきた様子を示しはじめたら,手をゆっくりとさし出し,少しずつ体にふれるようにします.嫌がるようならやめましょう.

[おとなしい犬の扱い方]

- ケージやサークルに入れて観察します
- 大きめのタオルでくるみます

※状態が悪いときは
大型犬・中型犬は板などを使用して落ちないように固定します．
上部がはずせるケージが便利です．

▶大きめのタオルでくるむ

▶ケージやサークルに入れて観察する

▶板にのせて固定する（大型犬・中型犬）

固定するひもなどはきつくしすぎないように注意しましょう．

[興奮した状態の犬の扱い方]

かまれないようにすることがポイントになります．

- エリザベスカラーをつけます
  指が1，2本入る程度のゆとりをつくり，できるだけ頭のうしろ側でホックをとめます．
- 口輪をつけます
  布製とプラスチック製があります．
  いずれの場合も合っているものを使用し，頭のうしろでひもの長さをぴったりに調節します．

※口輪がないときは
ひも（包帯がよい）などを用いて行います．

☞ いずれも可能な場合に限る

▶エリザベスカラーをつける

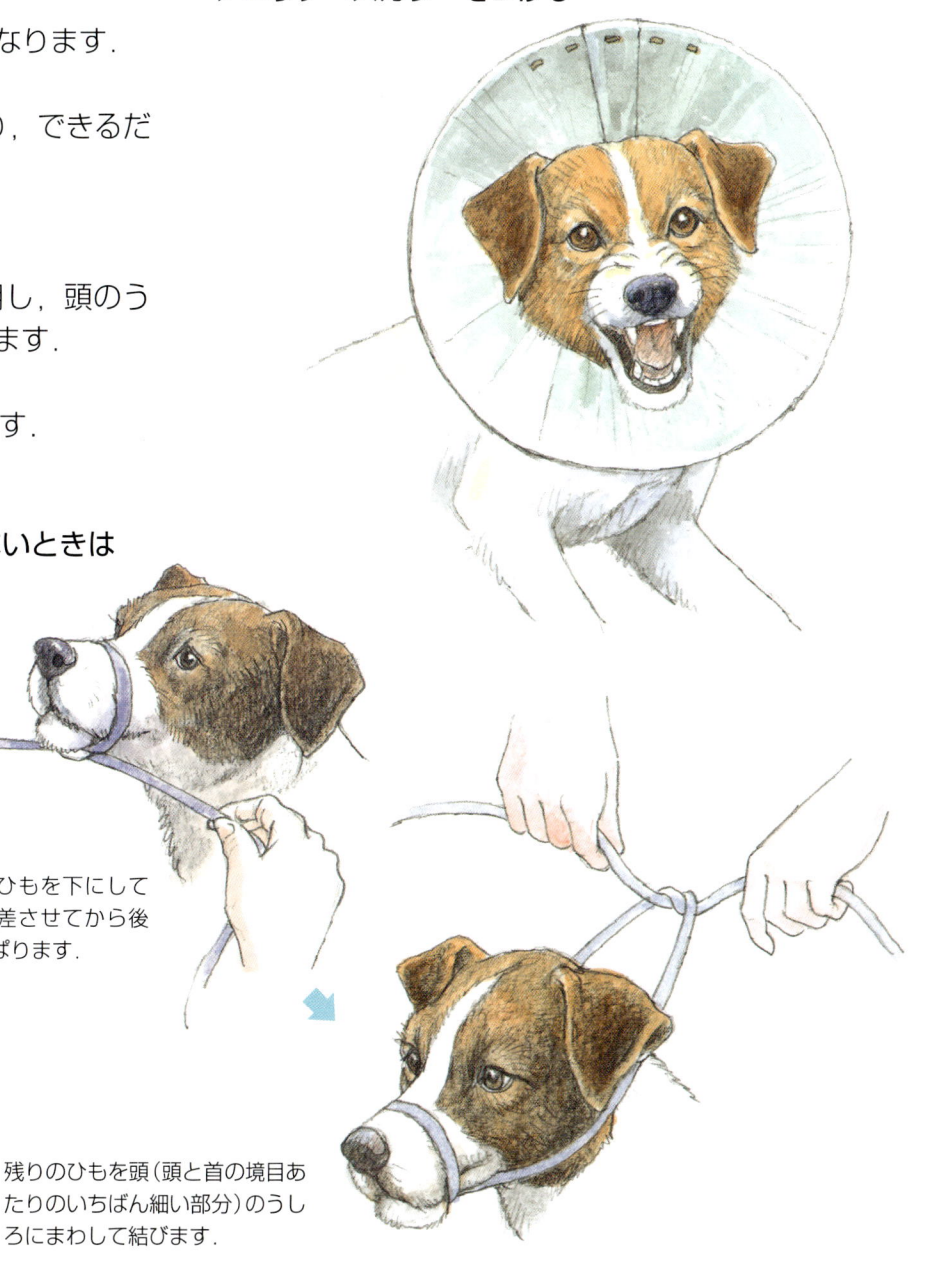

▶口輪をつける

プラスチック製の口輪は先端の内側に鼻があたるものは小さすぎます．

布製のものは口を大きく開けられないものを選びましょう．

▶口輪がないときは

鼻の上からひもを下にして顎（あご）の下で交差させてから後頭部にひっぱります．

残りのひもを頭（頭と首の境目あたりのいちばん細い部分）のうしろにまわして結びます．

[保定の仕方]

けがをしたとき，状態（けがの大きさや深さ，出血量など）を確認するためにじっとしてもらう必要があります．力まかせでおさえるのではなく，犬の負担にならないように関節をしっかりおさえることがポイントです．上手な保定は犬に無駄な負担をかけず，確実な手当を行う際にとても重要ですので，保定の仕方をしっかり覚えておきましょう．

▶立たせることが必要な場合

片方の腕を頭の下にまわして，首を固定します．もう一方の手はお腹の下に入れます．

▶すぐに立ち上がろうとする場合

前肢を前に出さないようにおさえ，わきで腰をおさえます．大型犬や中型犬の場合は，股やお腹を使ってうしろからかぶさるようにしておさえます．

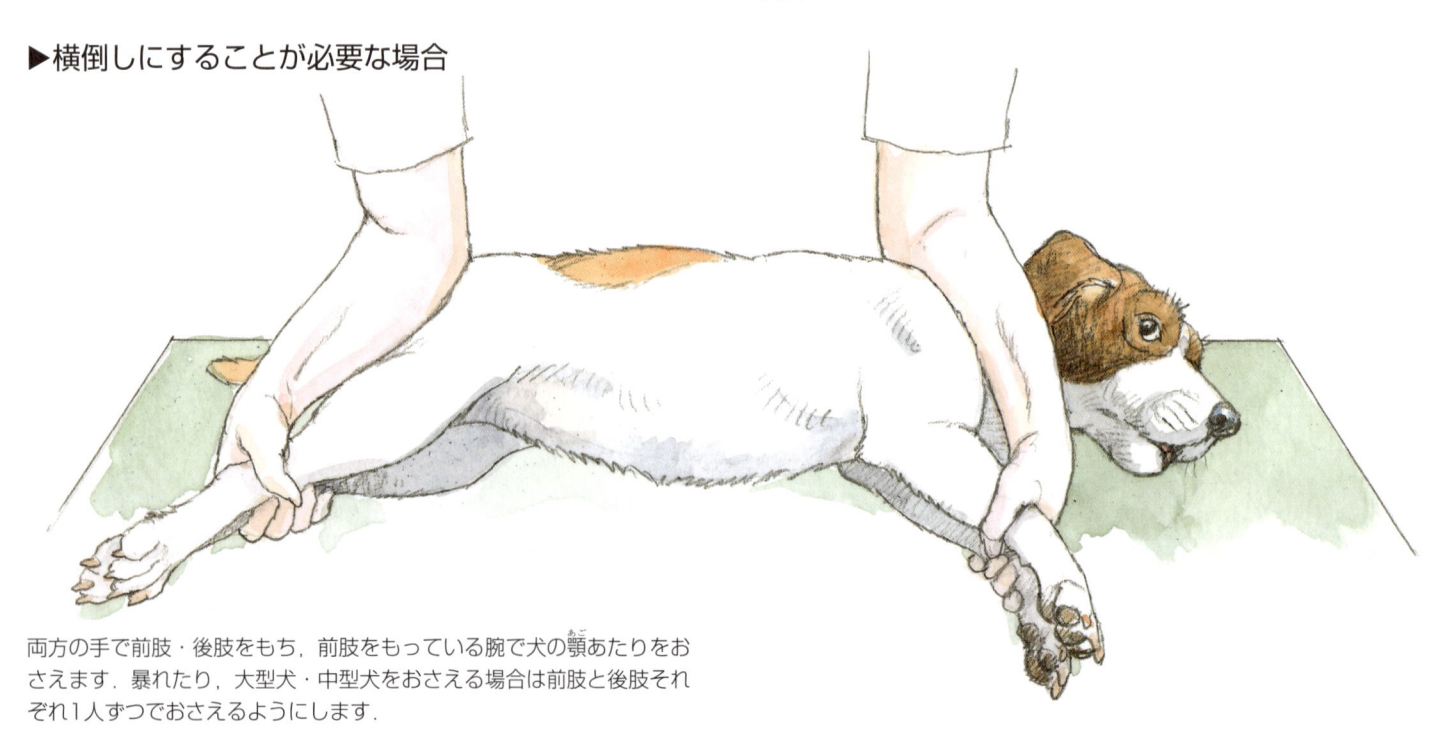

▶横倒しにすることが必要な場合

両方の手で前肢・後肢をもち，前肢をもっている腕で犬の顎あたりをおさえます．暴れたり，大型犬・中型犬をおさえる場合は前肢と後肢それぞれ1人ずつでおさえるようにします．

犬の運び方

犬がけがや病気をしたとき，痛みや苦しみから暴れてしまうこともあります．そのようなときには，まず飼い主が落ち着いて犬に声をかけ，体に負担がかからないようにやさしくおさえ，ある程度の応急手当がすんだら動物病院に運ぶ必要があります．その際には，犬にできるだけ負担をかけないよう迅速に運ばなければなりません．大型犬・中型犬の場合と小型犬の場合では多少方法が異なりますが，基本は同じです．

[小型犬の場合]

1人で抱いて運ぶことができます．両腕全体を使って，犬を包み込むようにして運びましょう．

[大型犬・中型犬]

1人で運ぼうとすると犬に負担がかかってしまうので，できるだけ2人以上で運ぶようにしましょう．
担架の代わりになるような板や布団，大きいタオルを使うこともできますが，できれば担架*を用意しておくとよいでしょう．
犬が暴れてしまう場合は，板にひもで固定してください．

＊応急担架のつくり方は14ページ参照．

小型犬を抱く際には，できるだけ体を密着させて犬を安心させてあげるとよいでしょう．声をかけてあげることも効果的です．

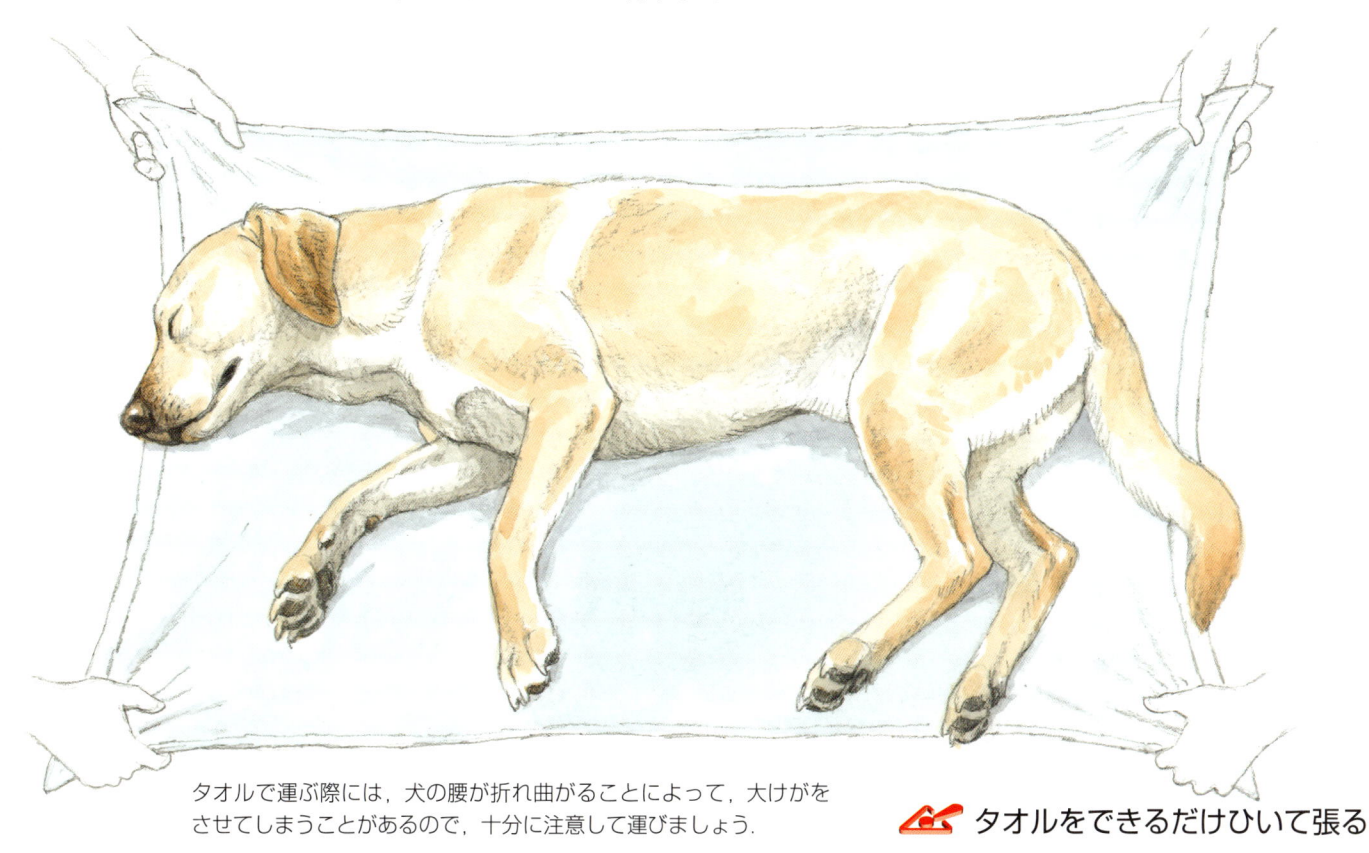

きつく抱きしめてはいけない

タオルで運ぶ際には，犬の腰が折れ曲がることによって，大けがをさせてしまうことがあるので，十分に注意して運びましょう．

タオルをできるだけひいて張る

包帯

包帯は，おもに傷を悪化させないための保護と汚染を防ぐために行います．また，出血が多いときには適度な圧迫を加えることで止血する目的にも使用されます．できるだけ清潔で，傷を十分におおうことができる大きさのものを用います．傷口が泥などで汚れていたら，まず強めの流水（水道水など）で十分に洗い流しましょう．

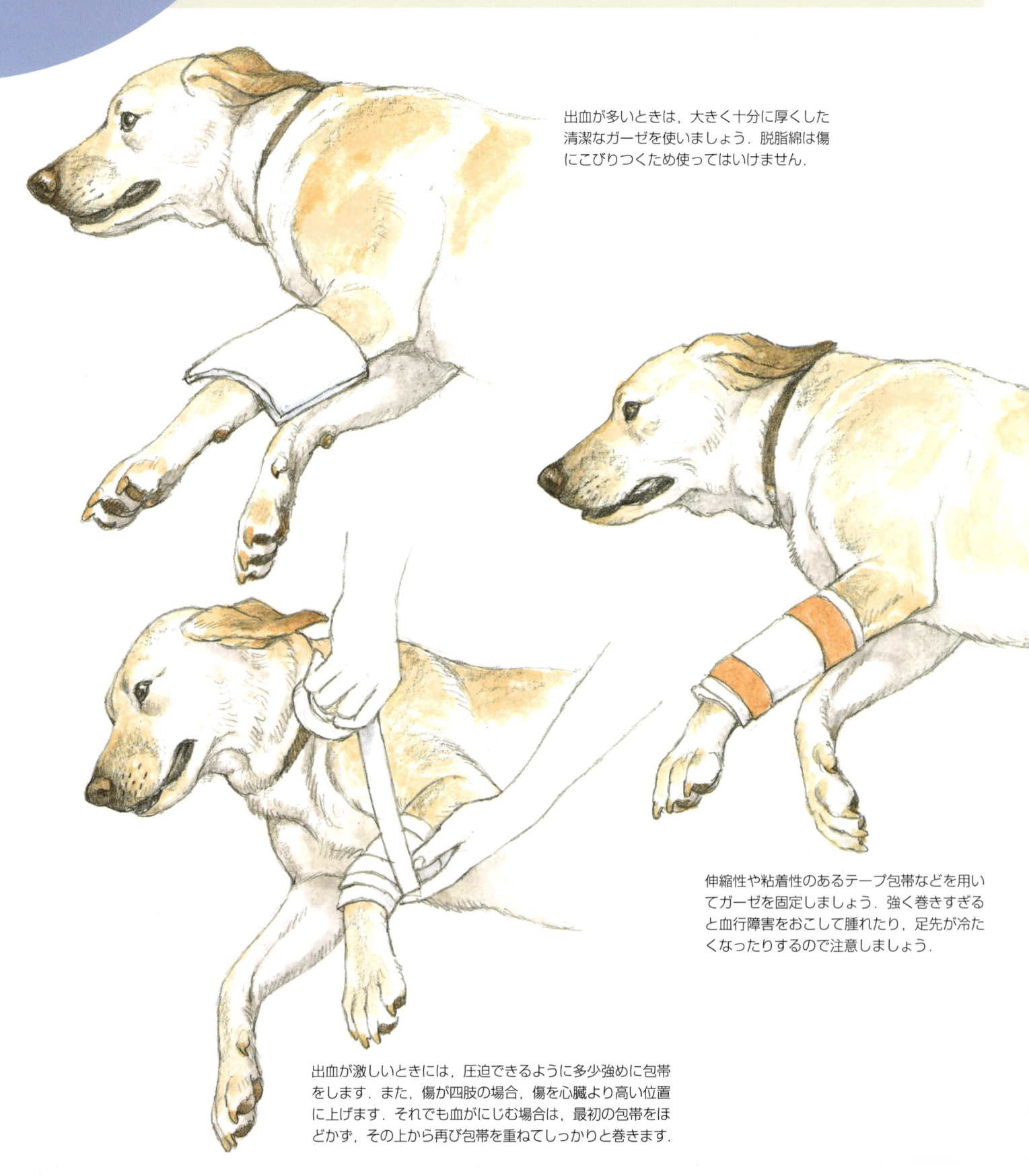

出血が多いときは，大きく十分に厚くした清潔なガーゼを使いましょう．脱脂綿は傷にこびりつくため使ってはいけません．

伸縮性や粘着性のあるテープ包帯などを用いてガーゼを固定しましょう．強く巻きすぎると血行障害をおこして腫れたり，足先が冷たくなったりするので注意しましょう．

出血が激しいときには，圧迫できるように多少強めに包帯をします．また，傷が四肢の場合，傷を心臓より高い位置に上げます．それでも血がにじむ場合は，最初の包帯をほどかず，その上から再び包帯を重ねてしっかりと巻きます．

副木（副子）

副木とは，骨折や脱臼のときに四肢を固定するために使う板や棒のことで，外傷の場合に用いることもできます．創傷部や骨折部の上下の関節を超える長さと，十分なかたさと幅のあるものを用います．副木と体の間には，タオルなどクッションになるものを入れ，骨折部を中心に上下の関節を固定します．木の棒や板のほかに金属製のものなどを用いることもあります．脱臼の場合には，脱臼関節の上下の部分とともに固定します．

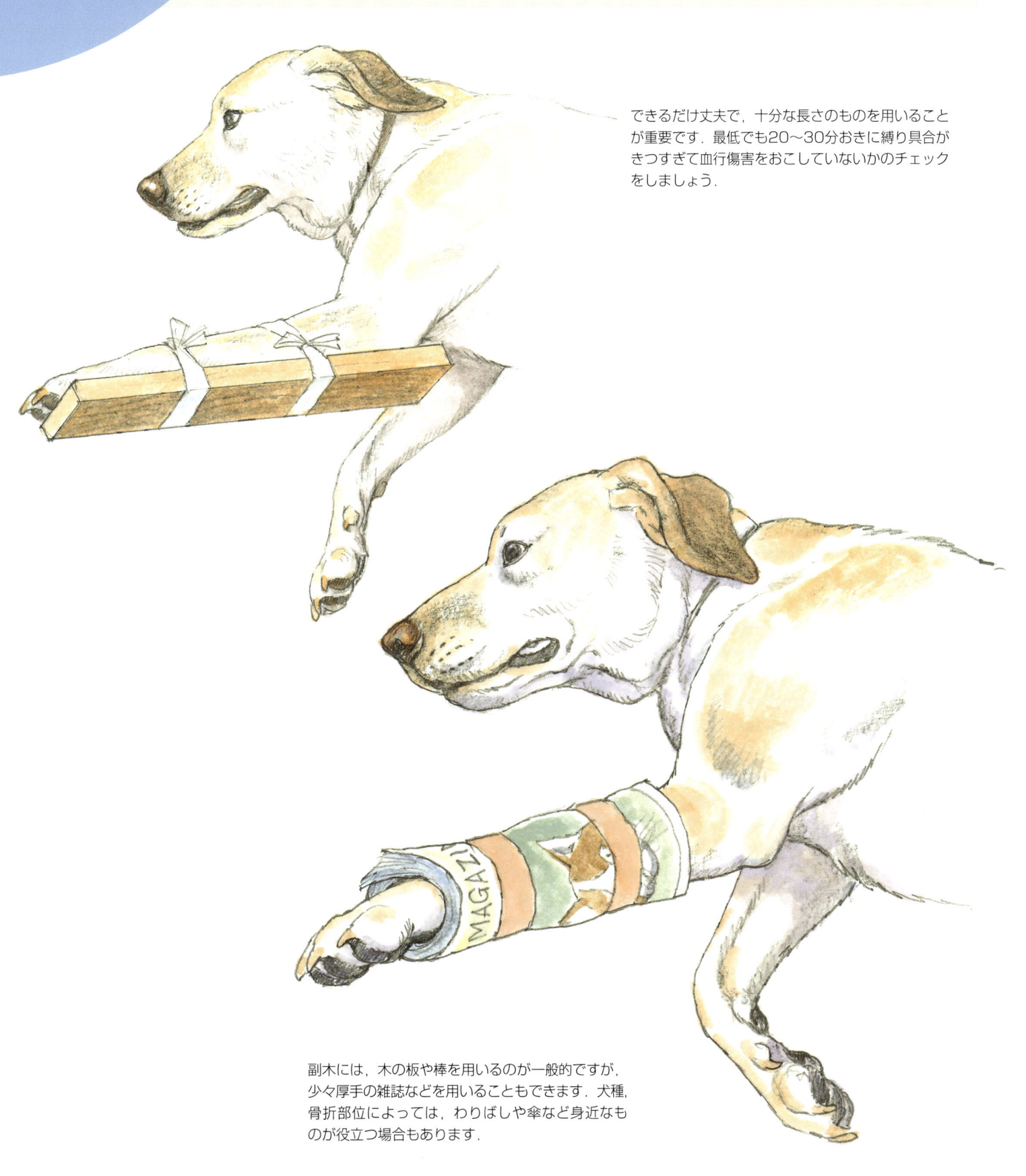

できるだけ丈夫で，十分な長さのものを用いることが重要です．最低でも20〜30分おきに縛り具合がきつすぎて血行傷害をおこしていないかのチェックをしましょう．

副木には，木の板や棒を用いるのが一般的ですが，少々厚手の雑誌などを用いることもできます．犬種，骨折部位によっては，わりばしや傘など身近なものが役立つ場合もあります．

体温・脈拍・呼吸の測定，粘膜

体温・脈拍・呼吸（T.P.R.）と粘膜の色調などの状態は，犬の全身状態を知るのにとても大切な要素です．病気以外の要因（緊張，不安，恐怖，興奮，運動など）にも大きく左右されるので，普段から落ち着いた状態を知っておくことが大切です．T.P.R.のどれかに異常があった場合には，本当にそれが異常値なのか，全身状態（元気，食欲があるか）とあわせて判断をすることが必要です．

［体温（Body Temperature）］

体温を測定するのに犬用電子体温計を用意しておきましょう．体温計の先端を水または食用油で滑りをよくし，肛門にゆっくり2～4cm挿入しましょう．挿入後は体温計を上下または左右のいずれかに傾けて，体温計の先端が直腸壁にふれるようにしましょう．一般に犬の正常体温は38.5～39℃前後ですが，犬により個体差があり，また朝と夜では夜のほうが若干高く測定されることが多いので注意しましょう．出産直前の母犬は，分娩がはじまる24時間ほどまえから体温が37℃前半くらいまで下がることが多いので，低体温だからといって心配をする必要はありません．

● 体温が高い
- 体温が異常に高い→ただちに動物病院へ
- 元気，食欲がない，ほかに症状がある→動物病院へ
- 元気，食欲がある，ほかに症状がない→経過観察，再測定
  →時間が経過しても体温が下がらない→動物病院へ

● 体温が低い
- 応急手当の実際：低体温（144ページ）

● 高温度の環境下で日なたにいたり，閉めきった室内や車内に放置したのちに，41℃を超える異常な高体温を示した場合，熱中症が疑われる→至急，動物病院へ
- 応急手当の実際：熱中症（142ページ）

体温測定のときは尾の付け根をつかんで，肛門がよくみえるよう上方にひき上げなければなりません．尾の付け根は神経が過敏な部分で，さわられると怒る犬は少なくありません．普段から意識してさわり，慣れさせておくことが大切です．

犬の大きさによって体温計の挿入の長さが変わる

[脈拍(Pulse rate)]

脈拍測定の場合は，脈にふれることによって，脈拍数とともに慣れてくると簡易的に脈圧を知ることができます．

脈拍の測定は，大腿部内側の付け根中央部を人差し指，中指，薬指の3本で軽くふれ，中央の中指で脈拍を感じるようにします．これには慣れるまで少し練習が必要です．脈拍にふれたら，1分間の脈拍数と指先に感じる脈の強さを判断します．

犬の正常な脈拍数は1分間に70〜160回くらいといわれていますが，犬種によって，また，同じ犬種でもそれぞれ違います．

脈圧は指先が脈拍にふれれば，最高血圧（収縮期血圧）が70以上あるといわれています．しかし，同じ大きさの犬でも，やせている犬と太った犬とではふれ方が変わってきますし，指先では圧差を感じているので正確ではありません．

脈拍数も脈圧も普段から犬によく接して，練習を兼ねて知っておくことが大切です．

●脈拍数が多い
- 元気，食欲がある→経過観察，再測定しても多い→動物病院で診察，検査が必要
- 元気，食欲がない，ほかに症状がある→動物病院へ

●脈拍数が少ない
- 元気，食欲がある→動物病院で診察，検査が必要
- 元気，食欲がない→至急，動物病院へ

●脈圧を強く感じる
- 元気，食欲がある→経過観察，再測定
- 元気，食欲がない→至急，動物病院へ

●脈圧を弱く感じる
- 元気，食欲がある→CRT計測＊→1〜2秒なら血圧正常
　　　　　　　　　　　　　　　→2秒以上なら動物病院へ
- 元気，食欲がない→CRT計測→1〜2秒なら動物病院へ
　　　　　　　　　　　　　　→2秒以上なら至急，動物病院へ

●脈拍を感じない
- 意識がない→心肺蘇生法（44ページ）を施し，大至急，動物病院へ

※犬では呼吸性の不整脈（生理的に正常な不整脈）がみられることが多々あります．多くの場合，安静時の脈拍のリズムが不揃いであっても異常ではありませんが，念のため動物病院で心電図や超音波などの検査を受けておくことをおすすめします．

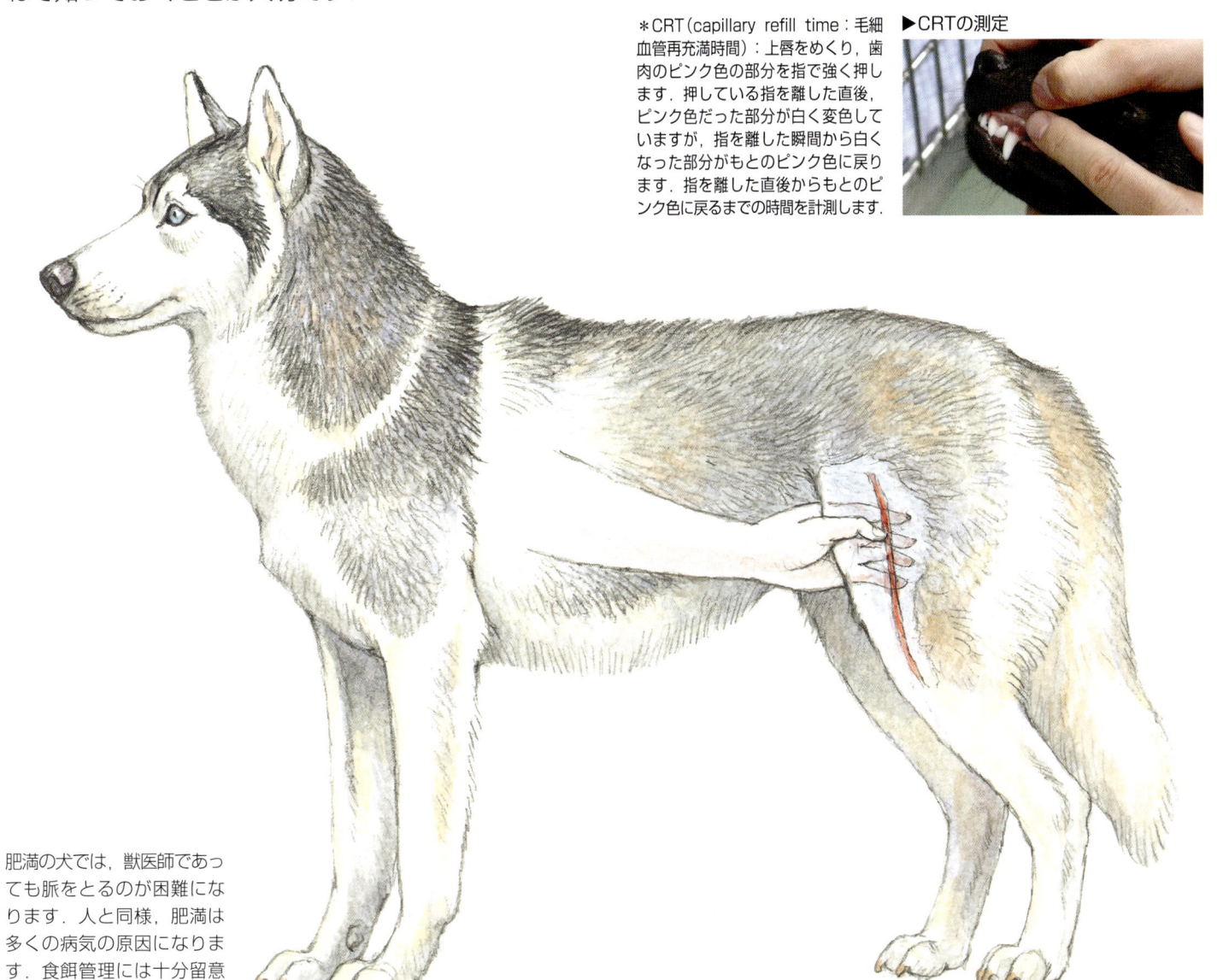

＊CRT（capillary refill time：毛細血管再充満時間）：上唇をめくり，歯肉のピンク色の部分を指で強く押します．押している指を離した直後，ピンク色だった部分が白く変色していますが，指を離した瞬間から白くなった部分がもとのピンク色に戻ります．指を離した直後からもとのピンク色に戻るまでの時間を計測します．

▶CRTの測定

肥満の犬では，獣医師であっても脈をとるのが困難になります．人と同様，肥満は多くの病気の原因になります．食餌管理には十分留意しましょう．

[呼吸(Respination)]

犬によって，また精神状態などによって呼吸は大きく変化します．安静時の呼吸数と呼吸状態を知っておくことが大切です．

呼吸数は，胸部（胸郭）の動きを実際に目でみて確認しましょう．正常な呼吸数は1分間に15～30回くらいです．運動後や気温が高くないのに，開口呼吸（口を大きく開けて苦しそうにハァーハァーとする呼吸）や犬座姿勢（犬がお座りをする姿勢）のまま苦しそうに呼吸をする様子がみられたら，いつ呼吸が停止してもおかしくない状態です．すぐに動物病院に連絡し，犬を興奮させないように静かに動物病院に運びましょう．重度の心臓病や肺疾患がある犬は，酸素スプレーを準備しておくとよいでしょう．

呼吸困難において，その悪化は命にかかわることが多いので，確認したらすぐにでも動物病院に運びましょう．

- ●呼吸数が多い
  - 舌の色がピンク色→元気，食欲がある→時間をおいて再測定，経過観察→改善しなければ動物病院へ
  - 舌の色が紫色→至急，動物病院へ
  - 舌の色が普段より著しく赤い→至急，動物病院へ
- ●呼吸数が少ない
  - 元気，食欲がある→経過観察
  - 元気，食欲がない→至急，動物病院へ
- ●呼吸困難がある
  - →至急，動物病院へ

呼吸困難が進行すると，犬はどんなに疲れてもふせたり横になって眠ることができなくなります．これは横になることで肺が圧迫されてさらに苦しくなるためです．

[粘　膜]

粘膜は，血液の状態，循環器の状態を肉眼で観察できる唯一の場所です．粘膜の状態を観察することにより，血液の性状，血行動態をある程度推測することができます．また，肝臓疾患や腎臓疾患でも粘膜の色調が変化したり，ただれたりとさまざまな変化を伴うことが少なくありません．

粘膜の状態は基礎的な知識をもったうえで意識して観察をしないと，目のまえの生命にかかわる異常所見を見過ごしてしまいます．
健常時の粘膜の状態を常に観察し，その色調や表面の状態を把握しておく必要があります．

〈口腔粘膜〉

口腔粘膜とは，舌・歯肉・頬の内側の粘膜の総称です．口腔粘膜は体にある粘膜のうち，いちばん簡単に観察が可能な部位です．ただし，犬種によっては舌や歯肉の色が黒く，色調が観察できない部位があります．その場合，色素のない場所を見つけ，常にその部位を観察するようにしてください．正常な粘膜の色調はピンク色をしています．

- ●粘膜の色調が薄い
  - CRT計測（23ページ）もしくは大腿部内側で脈圧を測定→正常→貧血の疑い→動物病院へ
  - CRT計測の延長，脈圧が低い→至急，動物病院へ
- ●粘膜の色調が暗紫色（チアノーゼ）
  - 興奮させないように静かに，急いで動物病院へ
- ●粘膜の色調が濃い
  - 炎症，多血症の疑い→動物病院へ
- ●粘膜の色調が黄色，オレンジ色
  - 黄疸の疑い→至急，動物病院へ

※貧血を伴う黄疸では，粘膜の色調は黄色にみえますが，貧血を伴わない黄疸では，オレンジ色にみえます．

※腎疾患などで尿毒症になっているときは，舌や歯肉に強い炎症，潰瘍，壊死をおこすことがあります．見逃さないよう注意してください．

〈結　膜〉

眼の上下の瞼の裏側を結膜といいます．上の結膜は上瞼を指先で上方にひっぱることで観察が可能です．また下の結膜は同様に指先であかんべをする要領で下方に押し下げることで観察が可能になります．色調については，口腔粘膜と同様に評価をします．結膜観察時は，強膜（白眼の部分）の観察が簡単にできます．強膜部が黄色にみえたら明らかに黄疸が出ているので，至急，動物病院で診察を受けてください．

※眼や口内の異常は局所的なものではなく，全身の重大な異常を反映していることを理解してください．

▶歯肉をチェックする
上唇，下唇を上下にひっぱり，歯肉と歯石を観察しましょう．歯磨きの習慣が歯肉異常の発見につながります．

▶舌をチェックする
口の上に手を添え，親指と中指で上顎の犬歯のうしろの隙間に上唇といっしょに指先を押し込むと口が開きます．さらにもう一方の手の指先を下顎の先端にひっかけ，下方に押すと簡単に開きます．これができると錠剤の投与も簡単になります．

▶頬の内側をチェックする
上唇，口角部をひっぱってめくります．高齢の犬では歯肉部や頬の内側に悪性腫瘍が発生することも少なくありません．

▶眼をチェックする
結膜や口腔粘膜にみられる異常は，観察できない体内すべての粘膜におきています．

強膜
結膜

創傷の消毒

一般に創傷とは，皮膚，粘膜の組織が損傷して断裂している状態をいいます．創傷の消毒のいちばんの目的は，まず傷口をきれいにして汚れないように保ち，組織環境を正常な状態に近づけ治癒の手助けをすることです．不適切な消毒方法によっては，逆に悪化させることもあるので注意が必要です．創傷の種類は，原因，形状，状態によって異なり，消毒方法も多少異なります．

傷口を観察する

▶はさみの使い方
毛を短く刈るときは，毛の方向に逆らうようにして皮膚と平行になでるように切ります．毛をひっぱりながら切ると，もち上がった皮膚も切ってしまうことがあるので注意が必要です（下側の刃を皮膚に固定して上側の刃を動かす）．はさみは先のとがっていないものを使いましょう．

消毒液などで付着物をとり除く

POINT▶ 消毒液は常備しておくほうがよいが，なにもなく，病院へ行くのに時間がかかる場合は水道水（微温水）でもかまわない

はさみで傷口のまわりの毛を短く刈る

傷口がきれい

傷口が浅い あまり汚れていない

傷口が深い 砂・泥・毛などがたくさんついている

POINT▶ 上方からの流水をうまく利用する

犬を落ち着かせ，動かさないようにします．創傷の部位および周囲のみ濡らしましょう．広範囲に濡らすと二次汚染の危険があります．できれば微温水の流水できれいにしてください．

切り傷やすり傷から骨や内臓の損傷に及ぶ傷まで多種多様な創傷があり，その原因もけんか，鋭利なものによる刺創や裂創，交通事故など多様です．原因，受傷時間などがわかれば創傷の処置におおいに役に立ちます．傷はみためで判断せずに，適切な処置後，早急に動物病院の診察を受けることが重要です．

【創傷の種類】
鋭器によるもの：切創，刺創，裂創など
鈍器によるもの：割創，裂創，咬創，挫創，擦過創など
創の形状：綿状創，弁状創，欠損創など
受傷原因：手術創，銃創など
創の状態：無菌創，感染創，汚染創，新鮮創など

消毒液を脱脂綿に十分含ませて付着物をとり除く

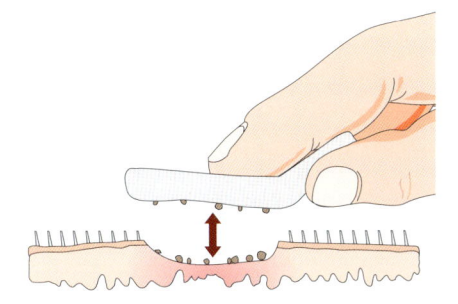

POINT ▶ やさしく，吸いとる感じできれいになるまでくり返す

けっして強くこすらない

スポイト（ある程度水圧のかかるもの．シャンプーの空き容器など）などできれいなるまで洗い流す

傷口がきれいになったら，組織が乾かないようにガーゼやナプキンなどでおおい，包帯やテープで固定する

創傷部位をかいたり，なめたりしないように処置をする
（"創傷部位を保護するには"を参照）

動物病院へ

◆ 創傷部位を保護するには

エリザベスカラーなどのカラーを使い，患部をなめるのを防ぐ．

犬用の服や小さいTシャツを使い，包帯やテープなどの複合で保護する．

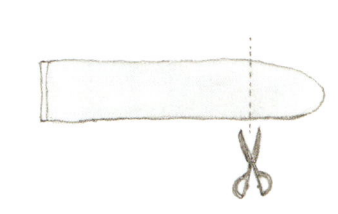

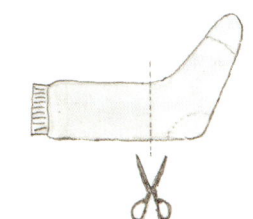

ストッキングや靴下もとっても便利です
ストッキング：伸縮性があるので傷の保護に使えます．
靴下：筒状にして圧迫する包帯として使えます．

非感染性の創傷

非感染性の創傷とは，細菌性の炎症がおこっていない創傷のことをいいます．非感染性の創傷の手当のいちばんの目的は，創傷部位への細菌感染をできるかぎり抑制することです．細菌感染を抑えることで，創傷の早期の治癒が期待できます．

- 耳の咬傷（こうしょう）
- ガラス・空き缶・プラスチック片・釘などによる足裏の切り傷

創傷部の観察
- 出血の有無を確認する
- 傷の深さを確認する

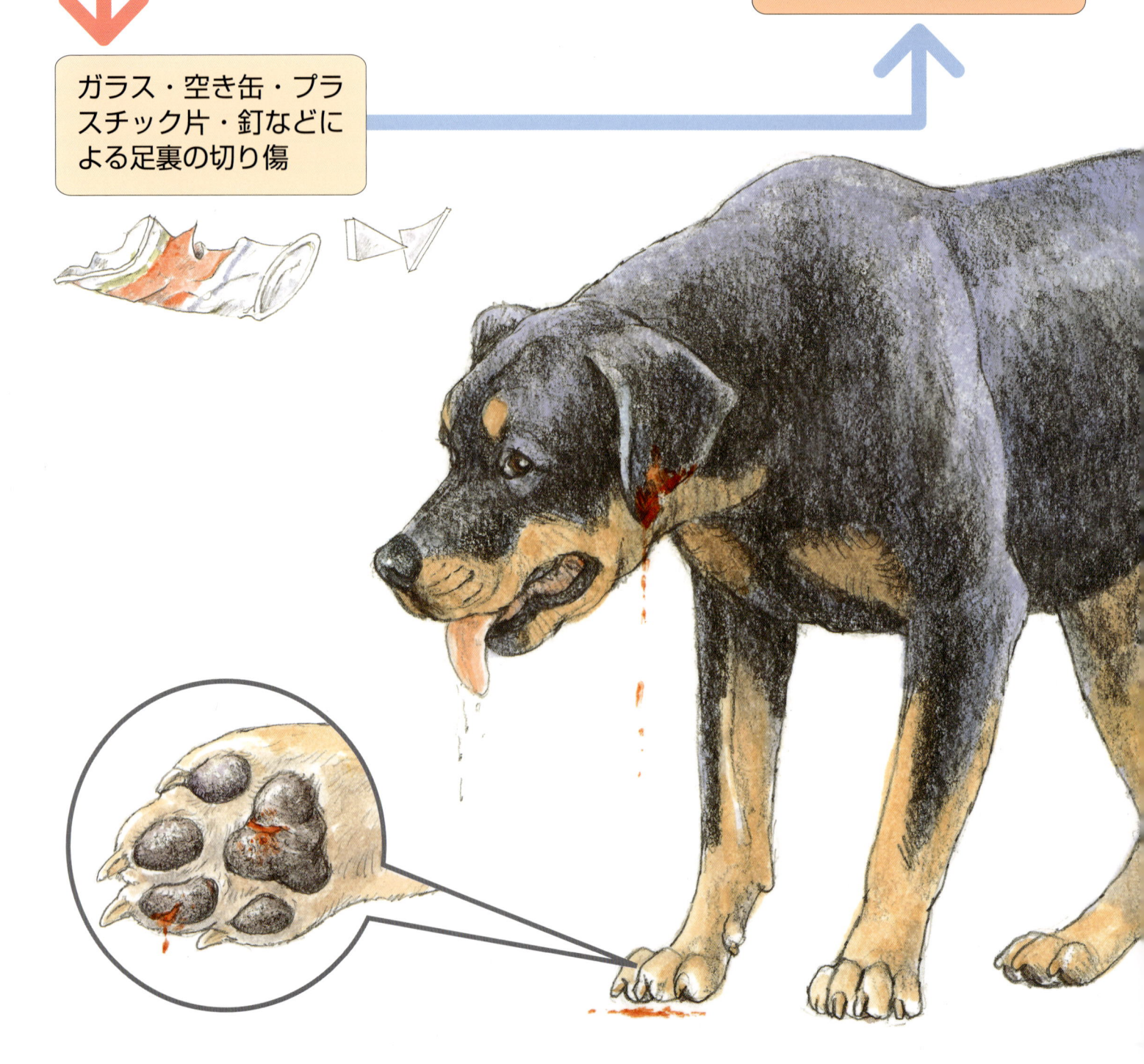

28　応急手当のポイント

傷口は細菌にとって格好の増殖場所になるので，受傷後は放っておかず，早いうちに消毒することが重要です．傷が小さく，出血がみられないときも，傷口から細菌が侵入することで感染がおこるので，必ず動物病院で診察を受けましょう．
傷口に異物がみられたときは，早いうちに洗い，異物をピンセットでとり除き，消毒液（ヨード液）を塗って，ガーゼと包帯で保護しましょう．耳の傷で出血しているときは，オキシドールをしみ込ませた脱脂綿とテープなどで圧迫して包帯をしましょう．
交通事故の内出血では，患部を冷やして圧迫しながら包帯をして，至急，動物病院で診察を受けましょう．

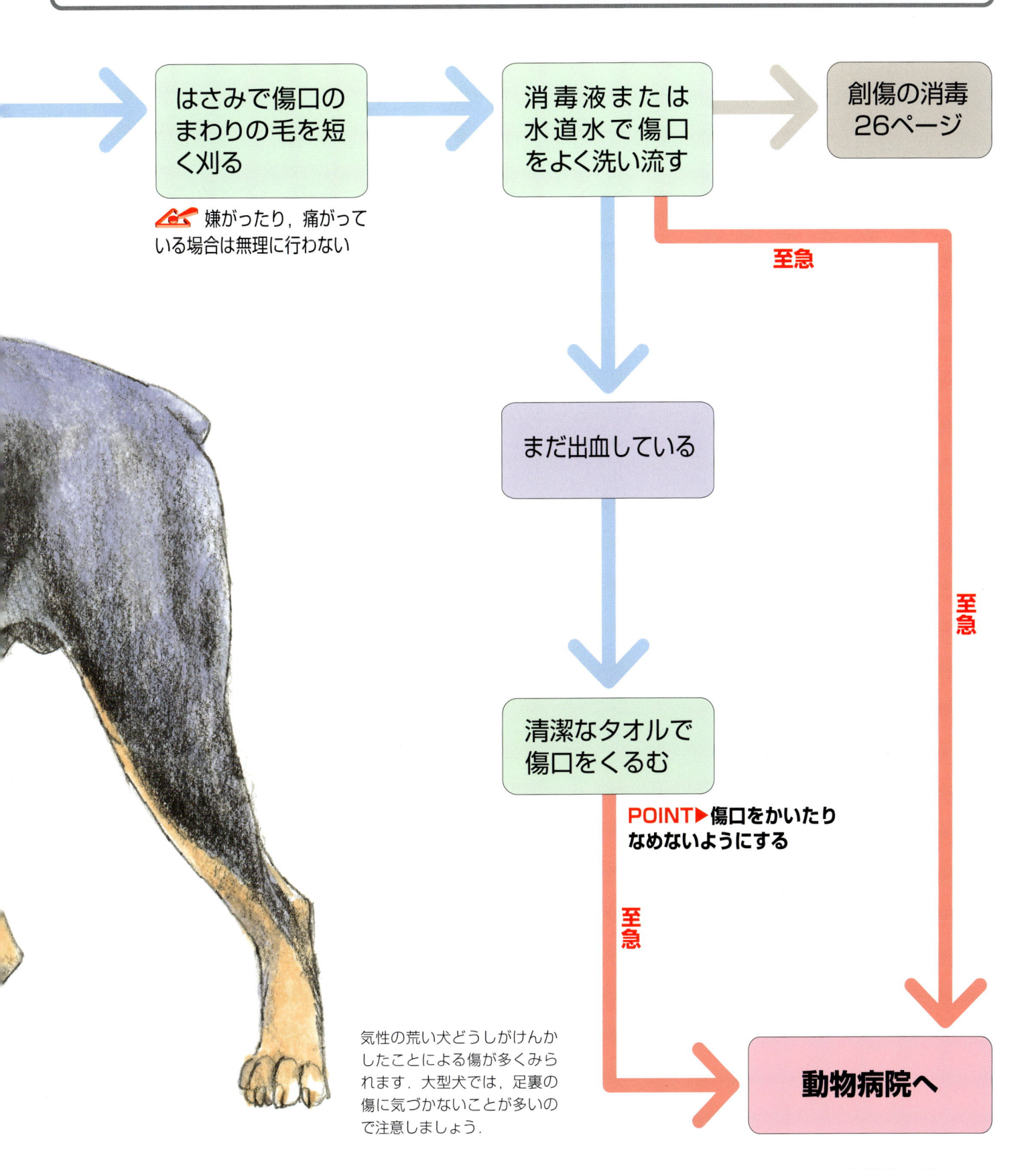

→ **はさみで傷口のまわりの毛を短く刈る**
☞ 嫌がったり，痛がっている場合は無理に行わない

→ **消毒液または水道水で傷口をよく洗い流す**
→ 創傷の消毒 26ページ

↓

まだ出血している

↓

清潔なタオルで傷口をくるむ

POINT▶ 傷口をかいたりなめないようにする

至急 → **動物病院へ**

気性の荒い犬どうしがけんかしたことによる傷が多くみられます．大型犬では，足裏の傷に気づかないことが多いので注意しましょう．

非感染性の創傷　29

薬の投与方法
【薬の飲ませ方】

病気やけがなどの治療や病気の予防のために動物病院で飲み薬（錠剤・カプセル，粉剤，液剤）が処方されます．
薬を飲ませるときには，やさしく確実に飲ませるように心がけてください．薬によっては，飲ませる回数や時間が決められているので，薬の内容などについても知っておくことが大切です．

[錠剤・カプセルを飲ませる]

- 上顎（うわあご）を保定し，少し上に持ち上げるようにして，ゆっくり口を開く
- 口のなかの，なるべく奥，舌の根元へ錠剤（カプセル）を入れる
- ただちに手で口を閉じ，鼻先を上に向け，喉（のど）を軽くさする
- 水を飲ませる

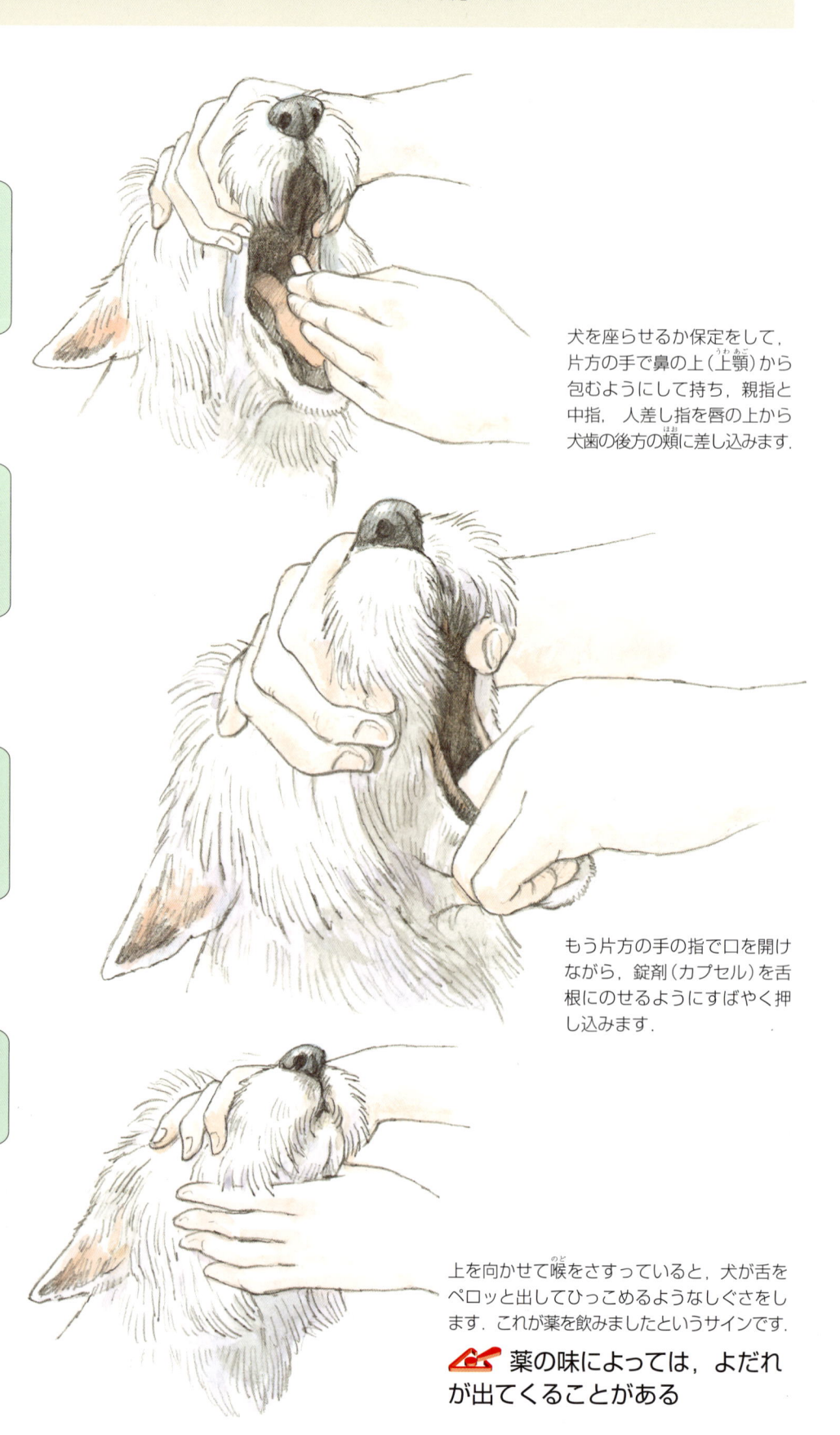

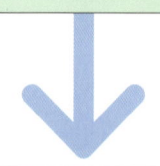

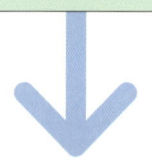

犬を座らせるか保定をして，片方の手で鼻の上（上顎（うわあご））から包むようにして持ち，親指と中指，人差し指を唇の上から犬歯の後方の頬（ほお）に差し込みます．

もう片方の手の指で口を開けながら，錠剤（カプセル）を舌根にのせるようにすばやく押し込みます．

上を向かせて喉（のど）をさすっていると，犬が舌をペロッと出してひっこめるようなしぐさをします．これが薬を飲みましたというサインです．

薬の味によっては，よだれが出てくることがある

犬に薬を飲ませる場合，最初から犬がおとなしく飲んでくれることは少なく，また飼い主のほうも慣れないため，お互いが怖がってしまうことで，投薬が困難になります．普段から犬の口を開けたりふれたりしておくと，犬も飼い主も投薬するのが容易になります．また薬を飲ませたあとには，犬にやさしい言葉をかけたりほめたりしてなでてあげるように心がけてください．薬がどうしてもうまく飲めないときは，食餌に混ぜたりなどの工夫も必要となりますが，人間の食べ物や飲み物に混ぜたりすると，逆に嘔吐や下痢などの症状をひきおこす場合もあるので絶対にやめましょう．また，処方された薬は指示どおりの回数，数，量で与えるようにしてください．

[粉剤を飲ませる]

- 手で口を閉じ，片方の手で口の端を外側にひっぱる
- 口のなかの歯と頬の間に粉剤を入れる
- 頬を外側からもんで粉剤を唾液と混ぜ合わせる
- スポイトもしくはポンプで水を飲ませる

犬を座らせるか保定をして，口の端をゆっくりやさしく外側にひっぱるようにします．

粉剤を指にのせて，すばやく歯と頬の間に入れます．または，少し指先に水を浸して粉剤をつけるのもいいでしょう．

もむことで粉剤と唾液がよく混ざり合い，飲み込みやすくなります．与える水は少なくてよいです．

👉 薬の味によっては，よだれが出てくることがある

[液剤を飲ませる]

```
片方の手で鼻先を少し
持ち上げるようにする
        ↓
もう片方の手にスポイ
トを持ち，犬歯のうし
ろに差し込んで液剤を
ゆっくり流し入れる
        ↓
鼻先を持ち上げたまま，
しばらくそのままにし
ておく
        ↓
スポイトもしくはポン
プで水を飲ませる
```

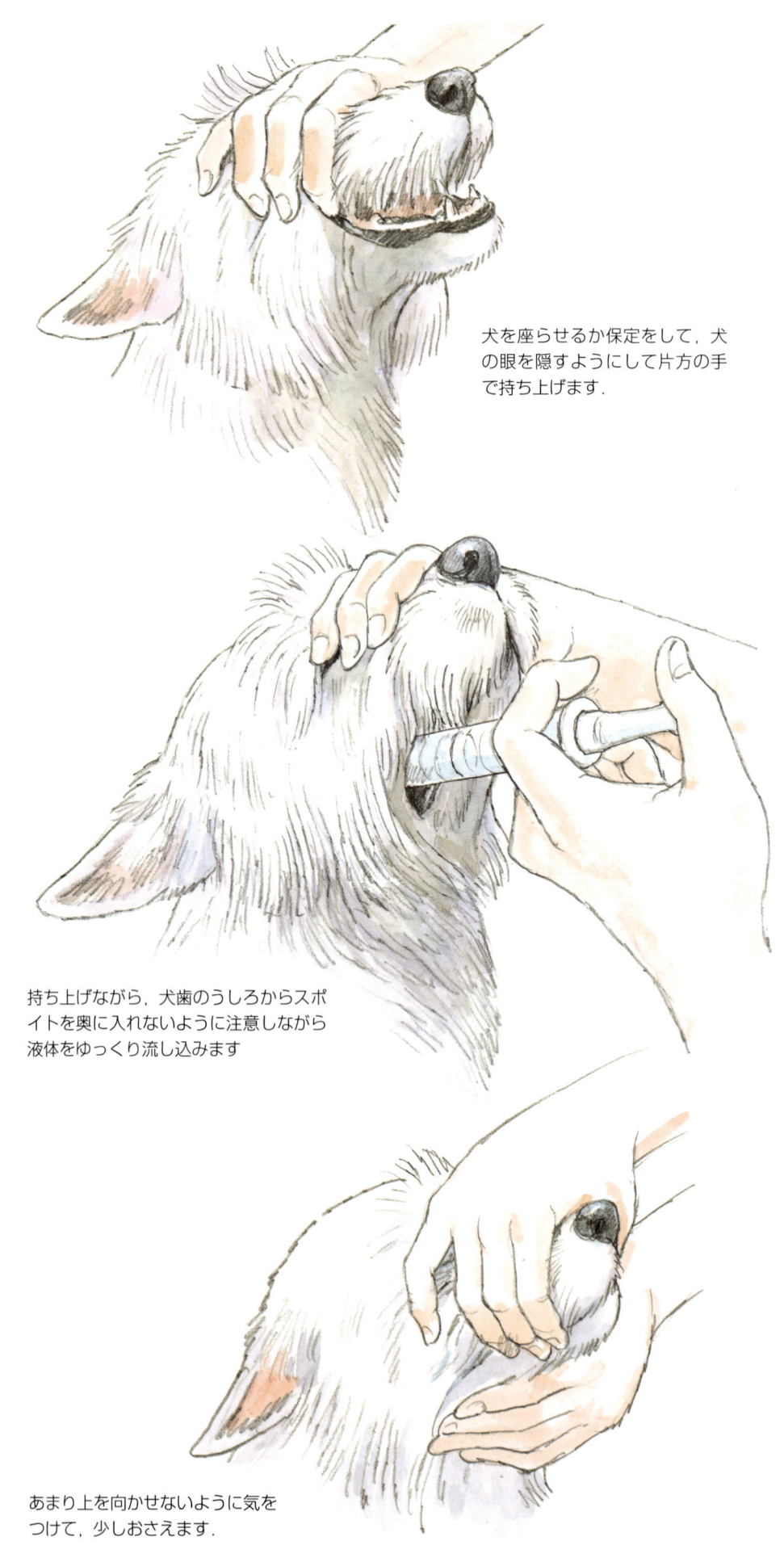

犬を座らせるか保定をして，犬の眼を隠すようにして片方の手で持ち上げます．

持ち上げながら，犬歯のうしろからスポイトを奥に入れないように注意しながら液体をゆっくり流し込みます

あまり上を向かせないように気をつけて，少しおさえます．

薬の味によっては，よだれが出てくることがある．
あまり頭を上に向かせすぎると，気管などに液体が間違って入ってしまうことがあるので気をつける

【眼への投与】

動物病院で処方される眼の薬には，通常，点眼液と眼軟膏の2種類があります．点眼液は眼軟膏と比較した場合，一般的に短時間で眼内に吸収されますが，その効果時間が短いという特徴があります．また，正しく投与されなければ，十分な効果が得られません．薬によって投与量や頻度に違いがあるので，動物病院の指示に従いましょう．

```
┌─────────────────┐    ┌─────────────────┐    ┌─────────────────┐
│ ぬるま湯などに浸 │ →  │ 頭部を上方に向   │ →  │ 各薬剤を投与する │
│ したコットンなど │    │ けて保定する     │    │                 │
│ で目脂をとり除く │    │                 │    │                 │
└─────────────────┘    └─────────────────┘    └─────────────────┘
```

POINT ▶ 協力的ではない小型犬の場合，テーブルの上で保定する

[点眼液]
下瞼を下げ，点眼剤を眼の表面に1, 2滴さす

[眼軟膏]
下瞼を下げ，眼軟膏を下瞼に沿って約1cmくらいチューブから出してつける

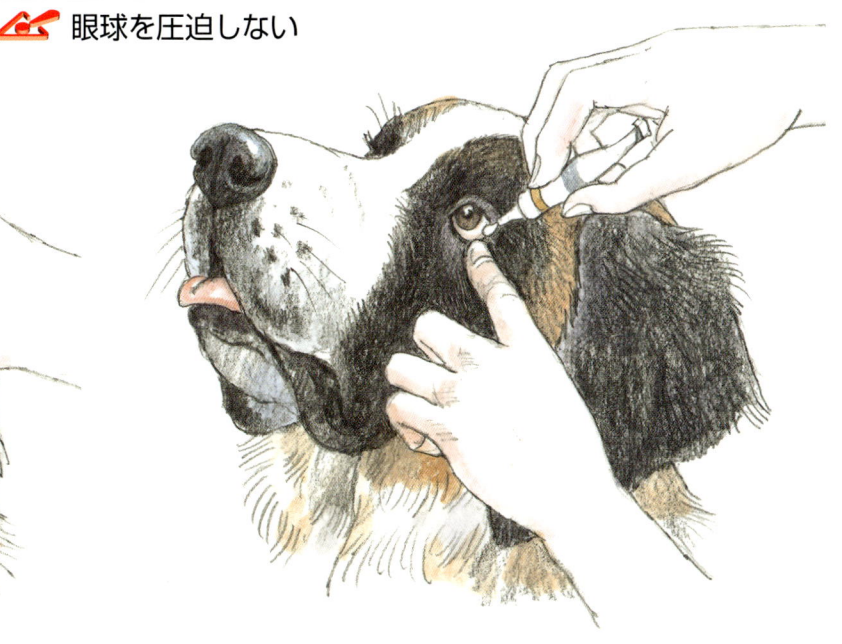

親指と人差し指で瞼を1, 2回開閉する

⚠ 眼球を圧迫しない

⚠ 点眼容器や軟膏のチューブの先端が角膜にふれないようにする

POINT ▶ 複数の点眼液を併用する場合は投薬間隔を5分以上あける．点眼液と眼軟膏を併用する場合は点眼液を先に投与する

【耳への投与】

犬の耳は，外耳・中耳・内耳の3つに分けられ，薬は，おもに外耳（耳介，耳道）の治療に使われます．犬の耳道は長く，L字のようになっているので，外用薬の投与にもちょっとしたコツが必要です．耳を気にする（痛みを伴う）ようになってからでは抵抗されてむずかしいので，日頃から耳掃除をして慣れておきましょう．

耳の観察
- 片手で耳介の先端をつまみ，上方へ軽くひっぱって保持する
- 外耳（耳道）の皮膚の色，腫れ，汚れ，においなどをよく観察する
- 耳道の入り口，なかに毛があるときは，まず短く刈るか，指などを使い抜いておく（毛があると薬が毛についてうまく投与できない）

点耳液（イヤークリーナー）などで耳のなかを掃除する
（"耳のなかの掃除をする"を参照）

[点耳液]
点耳容器の先端が耳にふれないように，耳道を十分湿らせる程度の量を滴下する

▶耳の構造

耳介／外耳／耳介軟骨／垂直耳道／水平耳道／頭蓋骨／頭蓋腔／半規管／蝸牛／内耳／耳管／耳小骨／鼓膜／鼓室／中耳

耳は聴覚と平衡感覚をつかさどる器官です．外耳，中耳，内耳の3つの部分に分けられます．外耳は耳介，耳道からなります．外耳は皮膚におおわれ，内部には耳介軟骨があります．耳道は垂直部分とそれに続いて鼓膜に終わる水平部分があります．中耳は頭蓋腔内部分にあり，鼓膜，鼓室，耳管，耳小骨からなり，鼓膜が受けた音波を内耳に伝えたり，中耳内の気圧を調整したりしています．内耳は複雑な迷路のような構造をしていて，聴覚，平衡感覚を脳に伝える神経器官です．

耳のなかに毛が生えている場合には，指や毛抜きなどでやさしくひねるような感じで毛を抜いてからのほうが薬が入りやすくなります．

20〜30秒マッサージをする

POINT▶ 耳の根元を指（親指，人差し指，中指）を使ってやさしくマッサージをする

耳への薬の投与は，いきなりはむずかしく，症状が悪化してからではさらに困難になります．犬を慣らす必要はありますが，飼い主も日頃より耳の手入れの仕方に十分慣れておく必要があります．とくに耳の病気になりやすい犬種（垂れ耳の犬種，耳の毛の多い犬種：アメリカン・コッカー・スパニエル，プードルなど）は，日頃の手入れが肝心です．綿棒で耳を掃除するときには，イヤークリーナーなどで綿棒を十分に湿らせ，目でみえる範囲のみとします．奥まで入れると耳を傷つけることがあるので注意しましょう．また投与後，耳をかいて自傷することもあるので，このようなときはエリザベスカラーなどを使って防ぎましょう．

耳を保定する → 各薬剤を投与する

POINT▶洗浄してきれいにする．湿らせないことが大切

☞ 投与後，耳に違和感を感じ，かいて自傷することがあるので，そのときはエリザベスカラーを使用するなどして防ぐ

[粉　剤]
粉剤を点耳容器に入れ，吹きかける感覚で耳に入れる

☞ 分泌物が多い場合は耳道を乾燥させる補助目的に使用する

5秒程度の短いマッサージをする

[耳軟膏]
十分量を綿棒につけて塗る

30秒以上マッサージをして耳道になじませる

綿棒は耳介，垂直耳道の浅い箇所（みえる箇所）に使うには安全ですが，保定が不十分であったり（犬が暴れたり），耳道の奥のほうに使うのは危険ですからやめましょう．

☞ 綿棒は薬を塗る，または汚物をとり除く場合にかぎり使用する．綿棒で耳道をこすったりしてはいけない

◆耳のなかの掃除をする

①十分量（あふれる程度）の点耳液を耳道内に入れる．犬はすぐに頭を振って出そうとするので耳を保定する．
②指で耳の根元（軟骨でコリコリしている）をマッサージし，十分になじませたあと，放して首を振らせ，液や汚れを外に出させる．
③最後に耳のまわりについた液や汚れを脱脂綿などでやさしくふきとる．

救急時の特徴的な症状

- 下痢，吐く（嘔吐と吐出）— 38
- 便　秘 — 41
- ショックをみきわめる — 42
- 心肺蘇生法（CPR法）— 44
- 痙　攣 — 46
- 昏　睡 — 47
- 失　神 — 48
- 糖尿病 — 49
- 貧　血 — 50

下痢，吐く
（嘔吐と吐出）

水分を含んだ糞を排出することを下痢といいます．嘔吐は胃や腸の内容物を吐き出す症状です．嘔吐，下痢はしばしば認められる症状ですが，程度が激しい，頻度が多い，または長時間改善がないといった場合には緊急性が高くなります．また，吐く行為として吐出は嘔吐とは異なるものであり，食道から胃に食物や唾液などを送り込めず，逆流して吐き出す症状のことをいいます．

［下 痢］

【下痢の原因】
- 多岐にわたる胃腸疾患
- 血液循環障害や腸の圧迫
- その他の全身性疾患

【下痢のメカニズム】
口から摂取された食物は，消化管の分節運動，蠕動運動により徐々に水分や栄養物を吸収しながら，［胃，小腸（十二指腸，空腸，回腸），大腸（結腸，直腸）］へと進んでいき，その間に腸内で大量の水分が分泌され，そのほとんどが再吸収されます．
細菌の毒素，消化しにくい食物などによる刺激，消化酵素不足，寄生虫・細菌・ウイルスによる腸の炎症，慢性の腸の疾患や腫瘍などの粘膜の病変，あるいは原発性の消化管の運動異常がおこり，下痢となります．

【緊急性の高い下痢】
下痢の緊急性は，下痢自体の緊急性と下痢の原因となる基礎疾患の緊急性によります．急性の胃腸炎であればしだいに改善しますが，その経過に生じた障害（刺激や損傷）が強ければ，下痢は激しく頻繁になり，これにより水分や電解質が大量に失われます．また粘膜の損傷が激しいとタンパク質が大量に失われ，脱水や血液循環の低下がおき，生命が危険な状態に陥ります．
下痢は，重篤な胃腸疾患や全身性疾患が原因となっていることも多く，放置すると危険な状況に陥る可能性をもっています．

【下痢がみられたら】

下痢の性状（回数，形状，色やにおい，混入物など）と犬の全身性状態をよく観察しましょう．

1. 大量の水様便が頻繁におこる⇒大量の水分や電解質（Na，K，Clなど）が喪失する可能性が高い

2. 血便，黒色便，粘膜便⇒胃腸の粘膜の損傷が激しいことが示唆される．多量の血液や体液の喪失や敗血症をおこす可能性が高い．胃腸に重大な病変が存在する恐れがある

3. 下痢とともに眼がくぼんでいる．粘膜の潤いがない⇒脱水症状に陥っている

4. 下痢とともに腹部が膨らんでいる．お腹を痛がる．むくみがある⇒基礎疾患が存在している

5. 下痢とともに元気がなく，ぐったりしている．粘膜が白い．体温が低いまたは発熱している⇒重篤な全身症状である．下痢による水分や体液の喪失または基礎疾患により衰弱している

★1〜5は，至急，動物病院で診療を受ける

6. しぶりを伴う頻回の軟便⇒大腸炎でみられることが多い

7. 色が薄く，異常発酵臭がある⇒消化不良が関連する可能性がある

8. 寄生虫体が排出された⇒寄生虫の多数寄生がある

9. 便の色が異常に薄かったり灰色⇒消化吸収にかかわる病気の可能性がある

★6〜9では，犬の全身状態が悪くなければ緊急ではないが早めに動物病院で診療を受ける

嘔吐は口唇をなめたり，しばしば姿勢を変えたりしたあと，口を開いたり閉じたりし，頭部をうなだれたり，腹部を上げ下げするといった前兆がみられます．激しい嘔吐では，急速に大量の水分や電解質が失われてしまいます．

犬が元気で1〜9の症状がなく，1日2〜3回の軟便であれば，下記の要領で様子をみてもよいでしょう．ただし，子犬は例外です．子犬は体が小さく，体力も免疫力も低いので，さまざまな感染症に感受性が高く，重篤状態に陥りやすいからです．子犬が下痢をした場合はすぐに動物病院で診察することをすすめます．軽症でも下痢がなかなか改善しない場合は，なんらかの病気が継続的に存在していることが考えられるので，すぐに動物病院で診察を受けましょう．

【様子をみてもよい下痢への対応】

① 胃腸を休ませるため12時間程度食餌を与えない．嘔吐がなければ水は与える

② 消化のよい食餌〔鶏のささみとご飯（米）や高消化食（特別療法食：動物病院で獣医師に処方してもらう）〕を粥状にして少量ずつ1日4〜5回に分けて与える

③ 下痢の改善に合わせ1回の量を増量し，回数を減らしていく．この際，食餌のかたさももとに戻していく．目安として，便のかたさに合わせるとよい
- 水様性下痢→薄い粥状
- 泥状下痢→ドロドロになるまで湯を加える
- 軟便→少量の湯を加え，少しやわらかい程度にする

④ 下痢が改善したら2，3日かけてもとの食餌に戻していく

[吐く（嘔吐と吐出）]

【嘔吐の特徴】
- 食後しばらくしてから吐き出す
- 吐物は，消化または部分的に消化された食物や胃液，腸液
- 吐くまえに，悪心，吐き気などの前兆がみられる
- 呼吸器系の症状はみられない

【吐出の特徴】
- 食後短時間で吐き出す（巨大食道症の場合は，食後長時間経ったあとに吐き出すこともある）
- 吐物は，未消化の食物か，ねっとりとした唾液
- 食道炎に伴い，嚥下痛（飲み込むときの喉や食道の痛み）がみられることもある
- 吐くまえに，悪心，吐き気などの前兆はない
- 呼吸困難，咳などの呼吸器症状が併発する

1）嘔吐の原因

嘔吐は，脳にある嘔吐中枢の刺激でひきおこされます．嘔吐の刺激の原因には次のことがあげられます．

- 胃腸疾患（胃炎，胃腸炎，寄生虫，細菌やウイルスの感染，消化管の腫瘍，腸閉塞など，多くの場合，胃腸の痛みや不快感がある）
- 三半規管の異常（乗り物酔い，腫瘍，前庭疾患など）
- 尿毒症，中毒，膵炎，アジソン病，細菌の菌体毒素などによる全身性疾患

このような多様な病態による嘔吐中枢の刺激がおこると，犬は落ち着かなくなり，口の周囲をなめたり，姿勢をしばしば変えたりするようになります．やがて吐き気がこみ上げ，口を盛んに開閉し，頭を下げ，腹部を上げ下げします．このときに喉からゲッゲッという音を立てることが多くみられます．これらの行動のあとに胃内の内容物を吐き出します．このとき気道は閉鎖され，吐物を気管に吸い込むことはほとんどありません．

2）吐出の原因
吐出の原因には，次のことがあげられます．

- 食道の運動を妨げる病気（食道炎，巨大食道症や食道内の腫瘍，食道狭窄などの食道の病気）
- 食道の閉塞（異物，血管輪異常，胸部の腫瘍）
- 食道の運動に影響を及ぼす神経や筋肉の病気（重症筋無力症，甲状腺機能低下症など）

吐出の際には，気道が閉鎖されないため，吐物を気管に吸引し，誤嚥性肺炎をおこすことがあります．

【緊急性の高い嘔吐とは】
嘔吐はさまざまな胃腸や全身の病気によっておこりますが，その緊急性は，嘔吐自体の緊急性とともに嘔吐の原因となっている病気の緊急性によります．嘔吐の原因が，食べすぎ，食餌変更，残飯あさりなど食餌に関連していたり，ある種の細菌やウイルスの感染ならば，治療の経過に伴いしだいに改善しますが，全身的な病気の経過中におこった障害であれば，嘔吐は激しく頻繁におき，これにより水分や電解質（Na，Cl，Kなど）が失われ，脱水症状や電解質異常とともに全身の血液循環が低下し，生命の危険な状態に陥ってしまいます．このような場合は，嘔吐の激しさ（量，頻度，吐物の内容），犬の全身状態をよく観察し，至急，動物病院で診療を受けましょう．

【至急，動物病院で診療を受けなければならない嘔吐】
1. 噴出するような大量の嘔吐．頻回の嘔吐⇒体の水分や電解質が急速に失われる可能性がある
2. 吐物が赤いまたは黒い⇒出血による色であり，激しい粘膜の損傷がある場合が多い
3. 異常に臭い吐物を吐く⇒腸閉塞の恐れがある
4. 嘔吐とともに元気がなくぐったりしている．眼や口の粘膜が白い．発熱（体温が高い）または体温が低い（手足が冷たい）．呼吸が荒い．食欲がない．脱水している⇒嘔吐により，または嘔吐の原因となっている病気により重篤な全身状態に陥っている
5. 嘔吐とともにお腹が膨らむ．お腹を痛がる．尿が出ないなどの症状がある⇒基礎疾患があり，その影響により嘔吐がおこっている

※簡易な脱水の判定法：皮膚をつまみ上げたあと，ひっぱられた皮膚の戻りが悪い（ただし，犬種や年齢，基礎にある病気により戻りの悪い場合もあるので注意），さらに眼がくぼんでいる，粘膜の潤いがなくなっているなどの症状がみられます．

【様子をみてよい嘔吐のへの対応】
① 嘔吐が続かなく，上記の1〜5のような症状がない場合は様子をみてもよい
② 胃腸を休ませるため12時間くらいまでの絶食絶水をする
③ 絶食絶水をしている間，嘔吐がおこらなければ少量の水を与えてみる
④ さらに，嘔吐がなければ，消化のよい食餌〔鶏のささみとご飯（米）や高消化食（特別療法食：動物病院で獣医師に処方してもらう）〕を少量ずつ数回与える．さらに問題がなければ増量していく
⑤ 嘔吐するまえの食餌を少量与えても問題がなければ2，3日かけて通常の食餌に戻す

【吐出がおこった場合は常に緊急性がある】
吐出は，食道の嚥下を障害する病気が関与しているので，動物病院で診察する必要があります．嘔吐とは異なり，吐物を呼吸器官に吸い込み，誤嚥性肺炎をおこす危険があるので，至急，動物病院で診療を受けましょう．誤嚥性肺炎がおこり，咳や呼吸困難がみられる場合は非常に緊急性が高くなります．

便秘

便秘とは，正常に排便できず，直腸・結腸内に糞が長時間停滞することをいいます．食餌の内容や量によって異なりますが，通常は1日1〜2回の排便があります．とくに食欲不振や下痢のあとなどは，食べていても1〜2日排便しないこともあります．3日以上排便がなければ異常と考えてください．

【便秘の原因】

- 大腸の運動の停滞
- 腸壁や腸の外側の臓器器官の病変による圧迫（腫瘍，前立腺肥大，骨盤骨折など）
- 腸内異物

などさまざまな原因があります．便秘が持続すると，大腸内の毒素（細菌毒素やアンモニア，その他）が小腸に逆流したり，体内に吸収されてしまい，食欲不振，活力の低下や消失，嘔吐がみられるようになります．

【便秘の程度と対策】

1. 1〜2日，便が出ない．元気がない⇒様子をみるか，動物病院に相談するか，歩かせる
2. 3日以上排便がない．排便痛がある⇒早めに動物病院で診療してもらう

↓

しばらくしても排便がなく，元気消失，食欲低下や嘔吐がある．便が出ず，何回も力んでいる⇒至急，動物病院へ（救急対応をしてもらう場合もある）

↓

排便は認められず，排便しようと力むこともなく，嘔吐をくり返し，あまり動くこともなく横になったままである⇒大至急，動物病院へ（救急対応してもらう）

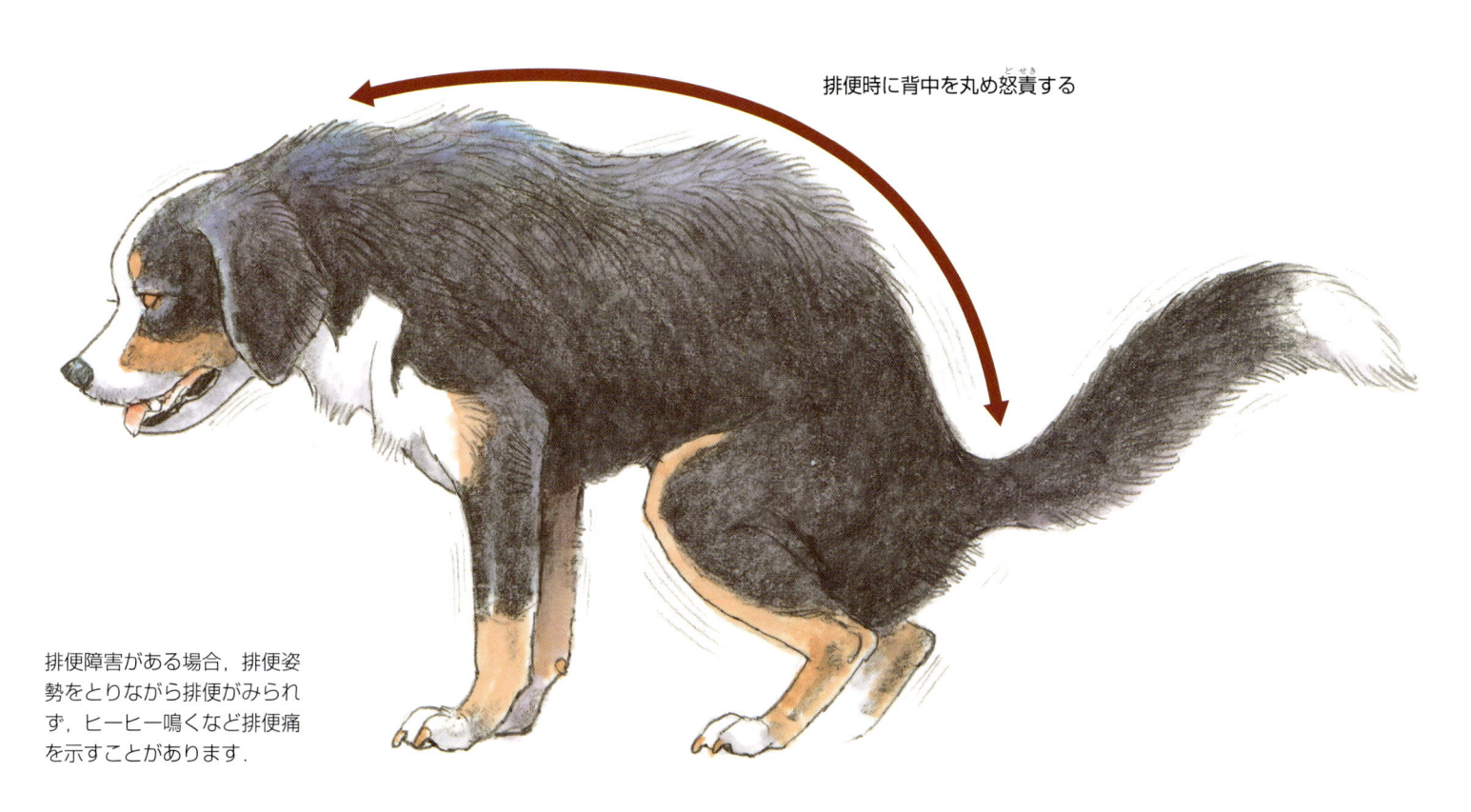

排便時に背中を丸め怒責する

排便障害がある場合，排便姿勢をとりながら排便がみられず，ヒーヒー鳴くなど排便痛を示すことがあります．

ショックをみきわめる

ショックとは，全身の血液循環が正常に行われず，急激な血圧低下や末梢循環不全，呼吸不全がおこることです．その原因により，低血流性（出血），心臓性（心不全など），血管性（細菌毒素による末梢血管拡張など），アレルギー性（薬物投与など）に分類されます．症状は，虚脱，意識朦朧・消失，起立不能などさまざまですが，動きが緩慢で，元気がない程度のこともあるので注意を要します．

→ 原因は不明で，通常と比べ明らかに元気がない
  → 病院へ行く途中で急激に状態が悪化したら
  → 近くに病院がなかったら

→ ぐったりと横たわって，よびかけても反応がないまたはわずかな反応しかない

至急

ショックの症状をおこし，ぐったりと横たわっている状態．意識は朦朧として呼吸も浅く，口腔粘膜も蒼白になっています．

至急

● 42　救急時の特徴的な症状

ショックはさまざまなことが原因でおこり，予期せずに突然発症することがほとんどです．事故やけんかなどの外傷で，明らかな出血があればショックをおこすことがある程度予測できますが，そのほかではなかなかむずかしいと思われます．日頃から犬と接して，いつもと違う様子がないか，よく観察することが大切です．

ショックの症状は一刻を争う病態で，動物病院での適切な治療を行うまでの時間が予後に影響します．急に元気がなくなり沈鬱などのショックの兆候がみられたら，体温，脈拍，呼吸，粘膜を確認して異常がないかをみてください．そのためにも，普段から正常な体温，脈拍，呼吸，粘膜を確認しておくとよいでしょう．

体温・脈拍・呼吸・粘膜をチェックする

体　温：正常体温は38.5～39℃前後
　　　　体温が高いときは冷やす
　　　　体温が低いときは保温
　　　　→22ページ

脈　拍：正常な脈拍は70～160回/分
　　　　股動脈を触知できるかどうか
　　　　→23ページ

呼　吸：正常な呼吸数は15～30回/分
　　　　→24ページ

粘　膜：正常な粘膜はピンク色
　　　　→25ページ

心肺蘇生法
44ページ

POINT▶ショックの治療は急性期の心肺機能の蘇生であり，一刻を争う

至急

動物病院へ

ショックをみきわめる

心肺蘇生法（CPR法）

事故，病気の悪化，異物・吐物による窒息などで呼吸停止や心停止がおこった場合，人工呼吸，心臓マッサージなどの処置を施します．意識や呼吸，脈拍の有無などを落ち着いて判断し，適切に対応することが大切です．
また小型犬，中型犬，大型犬の正常な体温，呼吸数，脈拍数（心拍数，血圧）と飼っている犬についての値をきちんと知っておくことも大切なことです．

意識がある → 呼吸が少ない／脈拍が少ない

☞ 意識の有無にかかわらず，体温が低い場合は保温

意識がない →
- 呼吸をしていない／呼吸が少ない
- 脈拍が少ない／脈拍がない
- 呼吸をしていない／脈拍がない

気道を確保する

▶意識の確認
呼びかけに対する反応や，目や耳などの動きを観察しましょう．

▶気道の確保

◆気道の確保
なるべく首を伸ばすような横向きの姿勢に寝かせ，ガーゼなどで舌をつまんでひっぱり出して気道を確保しましょう．

POINT▶口のなかや気道に異物や吐物がないかを確認する

▶呼吸の確認
鏡などを鼻と口の近くにあて，ガラスがくもるかどうかで呼吸の有無を確認するとよいでしょう．

▶股動脈の触知
後肢の内側の付け根部分に手をあてて，脈が打っているか確認しましょう．血圧は感触でみることになります．

至急

至急

44　救急時の特徴的な症状

CPR（Cardio-Pulmonary Resuscitation：心肺蘇生）法が適切に行えるか否かは，のちに動物病院で治療を受ける際に，その予後を非常に大きく左右することになりますので，CPR法をきちんと理解し，適切に行えるようにしておくことが望ましいです．心臓は生命維持に必要な酸素や血液を全身に循環させるもっとも大切な働きをする臓器であり，肺も必要な酸素を体内にとり入れ，不必要な二酸化炭素を体外に排出するという重要な働きがあります．緊急時には，この2つの臓器をいかに短い時間で回復させるかが鍵となります．正常な脈拍は小型犬で1分間に180拍以下，大型犬・中型犬では70～160拍．呼吸数は平均で1分間に約15～30回程度です．

人工呼吸（マウス・トゥー・ノーズ法）

→ **呼吸が戻る**

👉 正常な呼吸をしているか確認．正常ではないときは再び人工呼吸

→ **呼吸が戻らない**

POINT▶ 歯肉を押して白からピンク色に戻るかどうか循環の確認をする

◆人工呼吸：マウス・トゥー・ノーズ法

①横向きにして寝かせ，喉をまっすぐ伸ばす．
②口をふさぎ，手を筒状にして鼻先を握り，唇を密着させ，鼻の穴に2～3秒間ゆっくり息を吹き込む．
③口を離し，自然に肺から空気が出てくるのを待つ．
④肺が膨らんでいるか，胸の動きを確認しながら自分で呼吸ができるようになるまで5秒間隔で行う．

心臓マッサージ

→ **脈拍が戻る**

👉 正常な脈拍が続くか確認．正常ではないときは再び心臓マッサージ

→ **脈拍が戻らない**

◆心臓マッサージ

気道を確保して左胸部を両手で心臓をもむように1秒間に1回の割合で圧迫．心臓マッサージを15回行うごとに2回人工呼吸．

▶**心臓の位置**

右側を下にして寝かせた場合，左前肢を屈曲させたときの肘の位置．あるいは肋骨を前から数えて3から6本目までの胸部の位置．

👉 鼻や口から出血しているときは頭部を下げ，至急，動物病院へ

至急

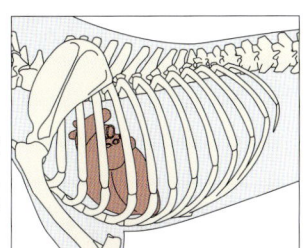

動物病院へ

痙攣

最初に体や四肢が強くビーンとつっぱる強直性痙攣がおこります。次に興奮と抑制が交互に訪れ、ピクピクする間代性痙攣がみられます（この2つの痙攣は別々におこることも多い）。そのあとには、遊泳運動といわれる四肢が泳ぐような動作や、一方向へ回転する運動もみられます。これらはいずれも痙攣症状ですのでよく観察してください。

全身的な痙攣がない

全身的な痙攣のまえに、まばたきや口をパクパク動かすといった、大脳から脊髄に異常興奮が伝わる過程での発作がみられることも多く、これだけで終わる場合もある

全身的な痙攣がある

ぶつかったり、転落することのないよう、手近なもの（クッション、バスタオル、バックなど）で囲う

POINT▶ 痙攣のタイプやパターンは診断に役立つので、発作のまえの様子や時間経過を記録しておく。ビデオや携帯電話が役に立つ

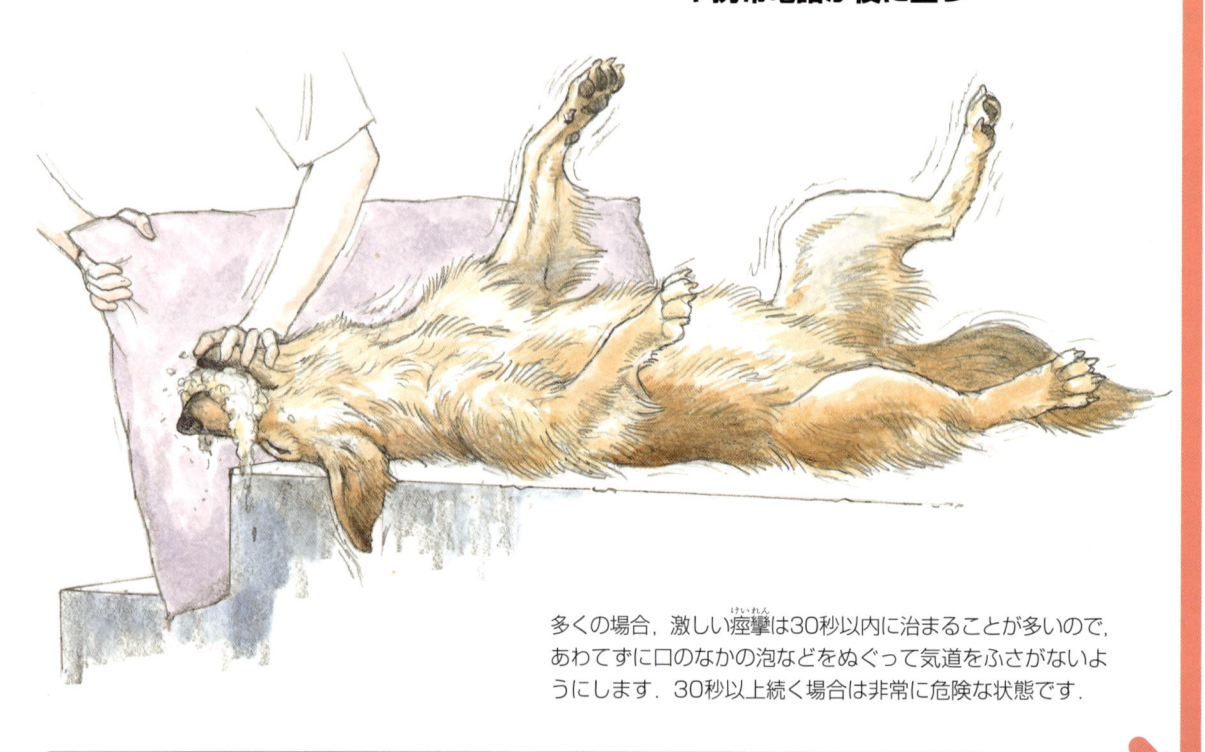

多くの場合、激しい痙攣は30秒以内に治まることが多いので、あわてずに口のなかの泡などをぬぐって気道をふさがないようにします。30秒以上続く場合は非常に危険な状態です。

至急 → **動物病院へ**

＜痙攣のおもな原因＞
- 特発性てんかん
- 外傷性てんかん
- 出産後の低カルシウム血症などの電解質異常
- 脳の炎症性疾患（ジステンパー脳炎、パグ脳炎）
- 水頭症・熱射病・脳腫瘍・中毒 など

昏睡

昏睡とは，意識障害のなかでももっとも重い症状で，足先をつねったりするような外部からの刺激に対しても痛がることはなく，無反応である状態をいいます．失神や虚脱といった症状よりも深刻で不可逆的な場合が多く，それらと区別することが重要となります．昏睡になる前後の状況が診断に役立ちます．

→ **昏睡状態** → **横向きに寝た状態を保つ**

POINT▶診断の手がかりは飼い主の情報だけなので，最近の様子や今までの病歴の症状をメモしておく

熱射病が疑われる

昏睡のまえに痙攣（けいれん）発作などの症状がみられる．状況から熱射病が疑われるときは体をさわってみる．体表が熱いようなら（41℃以上）全身を水に浸したり，保冷剤などを四肢の付け根に挟む．急速に冷やして体温を下げることで救命率も高くなる．動物病院へ

↓ **熱中症 142ページ**

このような場合，大切なことは呼吸の管理です．口のなかに吐物や唾液があればできるだけふきとります．また頭蓋内圧（とうがいないあつ）を上げないように頭部は下を向かないように保持します．

＜昏睡のおもな原因＞
- 大脳半球の障害（交通事故などの物理的な受傷，脳炎，髄膜炎）
- 循環障害（脳への酸素供給の低下）
- 代謝異常（肝臓・腎臓の機能不全，低血糖，高血糖，中毒，高熱など）

至急 → **動物病院へ**

失　神

失神は，脳へ送られる血流量の減少により，突然，気を失う状態，つまり脳の酸素不足によっておこります．原因としては心不全などがあげられます．痙攣とは異なり，だらんと力なく崩れ，失禁することもあります．安静にしていると2〜3分でもとに回復する場合も多いのです．失神本来は生命にかかわる病気があることの多い症状の病気です．

```
          →  失神状態  →  頸動脈を下から
                          上へこすり上げる
                                ↓
                          ┌─────────────┐
                          │  意識が戻った  │
                          └─────────────┘
   ↓              ↓              ↓
従来より次の症状がある    呼吸をしていない    意識が戻らない
チアノーゼ：歯肉が白い    脈拍がない
         舌が紫色
腹部膨大：胃に空気がたまる      ↓              ↓
         腹水がたまる      心肺蘇生法     興奮させないよう安静に
                          44ページ       して搬送する
   ↓
心臓病で注意すべき症状                     ⚠ 強く抱かない．楽に
98〜101ページ                                呼吸ができるようにする
                                         POINT▶ 酸素スプレーや
                                         レンタルの酸素濃縮器があ
                                         れば酸素療法が効果的
                                                                至急
                                                                ↓
                                                           動物病院へ
```

てんかん，熱中症，アナフィラキシーなども似たような状態を示すので区別がむずかしいです．失神後，状態が回復しても必ず動物病院で診察を受けましょう．

＜失神をおこしやすい犬＞
- 高齢犬や太りすぎの犬
- 心臓病をもっている小型犬種
- パグなどの短頭種

日頃から散歩の途中で休む，座り込む，疲れやすい，朝方や夜に咳が出るなどの心臓病の兆候を見逃さないようにしましょう．また，季節の変わりめは心臓に負担がかかるので温度管理に注意しましょう．

糖尿病

糖尿病は放置しておくと，高血糖により食欲不振から嘔吐，昏睡をおこしたり，急激にやせたり，食べるわりにはやせていたり，白内障で目がみえなくなったりします．糖尿病治療をしている犬では，低血糖で倒れたり震えたりします．インスリンを打つと3〜4時間後にもっとも低血糖をおこしやすくなります．

```
食欲がない／食欲が異常にある → 視力が低下した／水をよく飲む
尿が多い／やせてきた → 糖尿病の疑いがある → 嘔吐する
糖尿病の治療をしている → 嘔吐する／震えている・失禁する／状態の判断ができない
→ 糖分(はちみつや砂糖水)を与える
→ 糖分を含まないスポーツドリンクや食塩水を飲ませる
→ 動物病院へ
```

多飲多尿で食欲旺盛なのにやせてくるようであれば注意しましょう．

＜糖尿病からひきおこされる病気＞
- **白内障**：糖尿病状態が長く続くと白内障になります．前兆としては，夕方に目がみえにくかったり，物にぶつかったり，行動範囲が狭くなったりします．放置しているとまったく視力を失います．
- **感染症**：外耳道炎，皮膚病といった感染症，とくに膀胱炎にかかりやすくなります．
- **肝臓病**：肝臓が脂肪肝や肝炎のような状態になります．
- **腎臓病**：腎臓の能力が落ちて，さらに進行すると腎不全になることもあります．尿の色や量に注意しましょう．

貧血

血液中の赤血球は体全体に酸素を運ぶ役割があります．その赤血球の数が減少した状態を貧血といいます．原因としては，けがや悪性腫瘍などの出血による失血，骨髄の病気や栄養不良などの赤血球造血機能の低下，免疫システムの異常やネギ類の摂取，原虫感染などの赤血球異常による溶血などがあげられます．動物病院で診察を受け，適切な治療をしてもらいましょう．

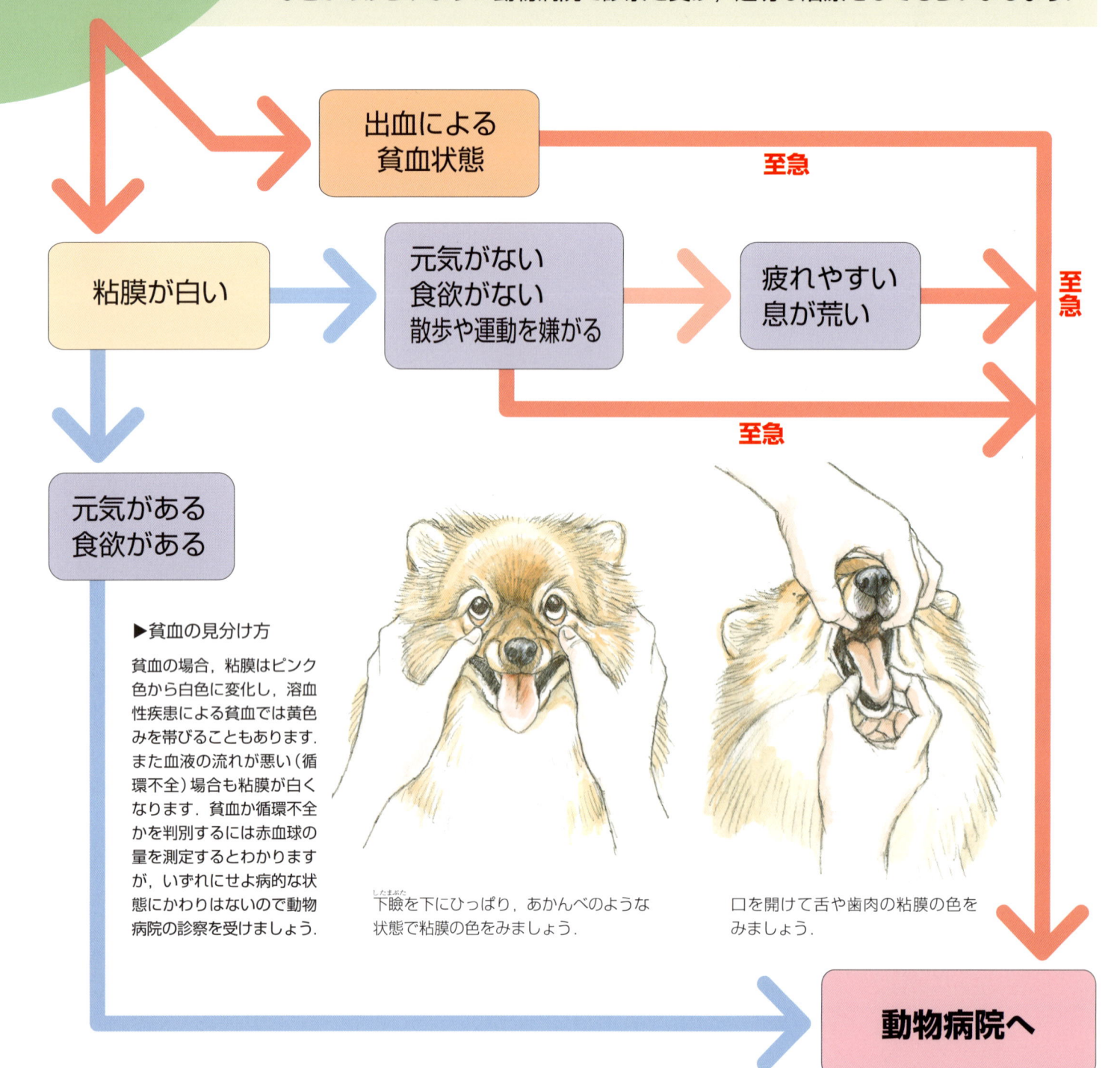

```
                    出血による貧血状態 ──至急──┐
                         ↑                    │
                         │                    ↓
粘膜が白い → 元気がない・食欲がない・散歩や運動を嫌がる → 疲れやすい・息が荒い ──至急──→
              │                                                                  │
              ↓                                           ──至急──────────────────┤
        元気がある・食欲がある                                                      │
              │                                                                  │
              └────────────────────────────────────────────→ 動物病院へ ←─────────┘
```

▶貧血の見分け方

貧血の場合，粘膜はピンク色から白色に変化し，溶血性疾患による貧血では黄色みを帯びることもあります．また血液の流れが悪い（循環不全）場合も粘膜が白くなります．貧血か循環不全かを判別するには赤血球の量を測定するとわかりますが，いずれにせよ病的な状態にかわりはないので動物病院の診察を受けましょう．

下瞼（したまぶた）を下にひっぱり，あかんべのような状態で粘膜の色をみましょう．

口を開けて舌や歯肉の粘膜の色をみましょう．

＜貧血の原因＞

- 赤血球が失われる（再生性貧血）
  出血
  溶血（免疫介在性，タマネギ中毒，赤血球寄生虫など）

- 血液が造られない（非再生性貧血）
  骨髄の異常（白血病，骨髄異形成症候群，骨髄癆（こつずいろう）など）
  慢性疾患，慢性出血
  腎不全　など

応急手当の実際

外傷
- 大量の出血 — 52
- 部位別の出血【耳,頭,眼】— 54
- 部位別の出血【鼻,口,首】— 56
- 部位別の出血【胸部・腹部,足・尾,爪】— 58
- 膿瘍 — 60
- すり傷 — 62
- 刺し傷 — 64
- やけど（熱傷と熱湯熱傷）— 66
- 毒物,刺激物との接触による創傷（化学傷）— 68
- 凍傷 — 69
- 虫さされ — 70
- 爪の異常 — 72
- かゆがる（掻痒）— 74
- 肛門嚢炎 — 76

内臓の異常
- 食道内の異物 — 78
- 胃拡張・捻転症候群 — 80
- 気道内の異物 — 82
- 呼吸困難 — 84
- 咳 — 86
- 窒息 — 88
- 肺水腫 — 90
- 排尿困難 — 92
- 毒物摂取 — 94
- 薬剤過敏症 — 96
- 心臓病で注意すべき症状 — 98
    - 【咳】— 98
    - 【呼吸困難】— 99
    - 【努力呼吸】— 100
    - 【卒倒】— 101

頭部の異常
- 耳〔外傷（掻創を含む），感染〕— 102
- 眼〔外傷〕— 104
- 角膜疾患〔破裂，潰瘍〕— 106
- 失明 — 108
- 眼球突出 — 110
- 口腔内の異物 — 111
- 歯肉の異常〔色の変化，口蓋，歯，口唇など〕— 112
- 口蓋の異常 — 113

生殖器の異常
- 膣脱，子宮脱 — 114
- 偽妊娠 — 116
- 陰茎突出 — 117

関節・骨の異常
- 足の骨折 — 118
    - 閉鎖性骨折（前肢）— 118
    - 開放性骨折 — 120
    - 閉鎖性骨折（後肢）— 122
- 足の脱臼 — 124
    - 前肢 — 124
    - 後肢 — 126
- 脊髄損傷 — 128
- 脊髄の病気で注意すべき症状 — 130
- 跛行 — 132

事故ほか
- 落下物にあたった — 134
- 交通事故 — 136
- 水中に落ちた — 138
- 感電した — 140
- 熱中症（熱射病，日射病）— 142
- 低体温 — 144
- 落下した — 146

ヘビ咬傷・ヒキガエル接触
- ヘビにかまれた — 148
    - 【無毒のヘビ，有毒のヘビ】— 148
    - 【ハ ブ】— 150
- ヒキガエルに接触した — 151

出産
- 分娩 — 152
- 難産 — 154

▶外傷

大量の出血

通常の出血は5分間出血部分を圧迫していると止まります．しかし，動脈か太い静脈が切れたときには大量の出血となります．太い静脈は急激に血があふれ，動脈は拍動に合わせて噴出するので圧迫だけでは止まりません．ポイントは，①動脈出血か静脈出血か，②太い血管からの出血か細い血管からの出血か，③体のなかの出血もあるか，などです．

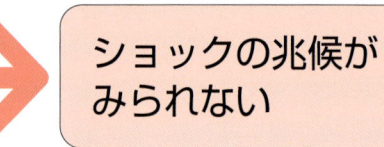

→ ショックの兆候がみられない → 動ける（歯肉がピンク色，呼吸が正常）

☜ 体の外に出血がなくても鼻や口から出血していたら頭を下げて，至急，動物病院へ

大量の体内出血の場合
動けない（横になっている，歯肉が蒼白，呼吸をしているかわからない）

→ ショックの兆候がみられる → ショックをみきわめる **42ページ**

体の外側の出血部を圧迫しながら包帯をするときには，できるだけ動かさないようにして処置をしましょう．処置時は仰向けにしないこと．

◆**出血時に動けないときの移動処置**

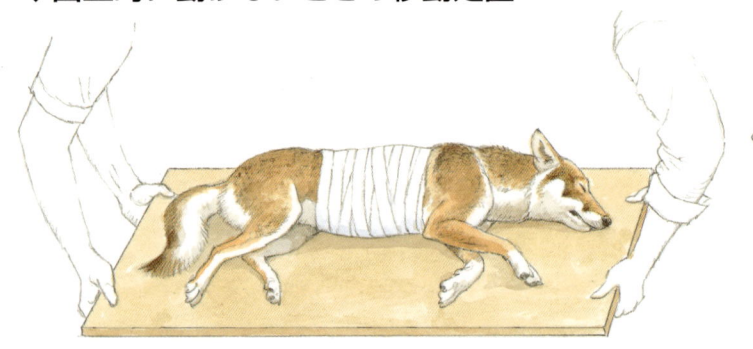

▶正しい抱き方　▶悪い抱き方

板の上に寝かせて処置し，板の上にのせたまま板ごと移動する．

うつ伏せの状態を保ち，出血部位を圧迫しながら抱く．

胸腔の出血が肺を圧迫して呼吸困難になる禁忌．

52　応急手当の実際　外傷

＜内出血＞

外からみて出血がなくても体のなかで出血していることがあります．打撲などでおこる皮下出血は皮膚を通して青くなる程度ですが，緊急を要するのは腹腔内・胸腔内・脳内などの出血です．第一に強度の打撲や交通事故後の内臓破裂による内出血，第二に体内にできた腫瘍や血腫が自然に破裂することによる内出血があります．この場合，歯肉が蒼白になりショック状態になり動きが急に止まり，胸腔内の大出血では呼吸困難になります．事故後には飼い主もすぐに異常に気づきますが，腫瘍などが自然に破裂したときは判断がつかないことがあります．時間とともに皮下に出血斑ができますが，そのまえに至急，動物病院へ行きましょう．

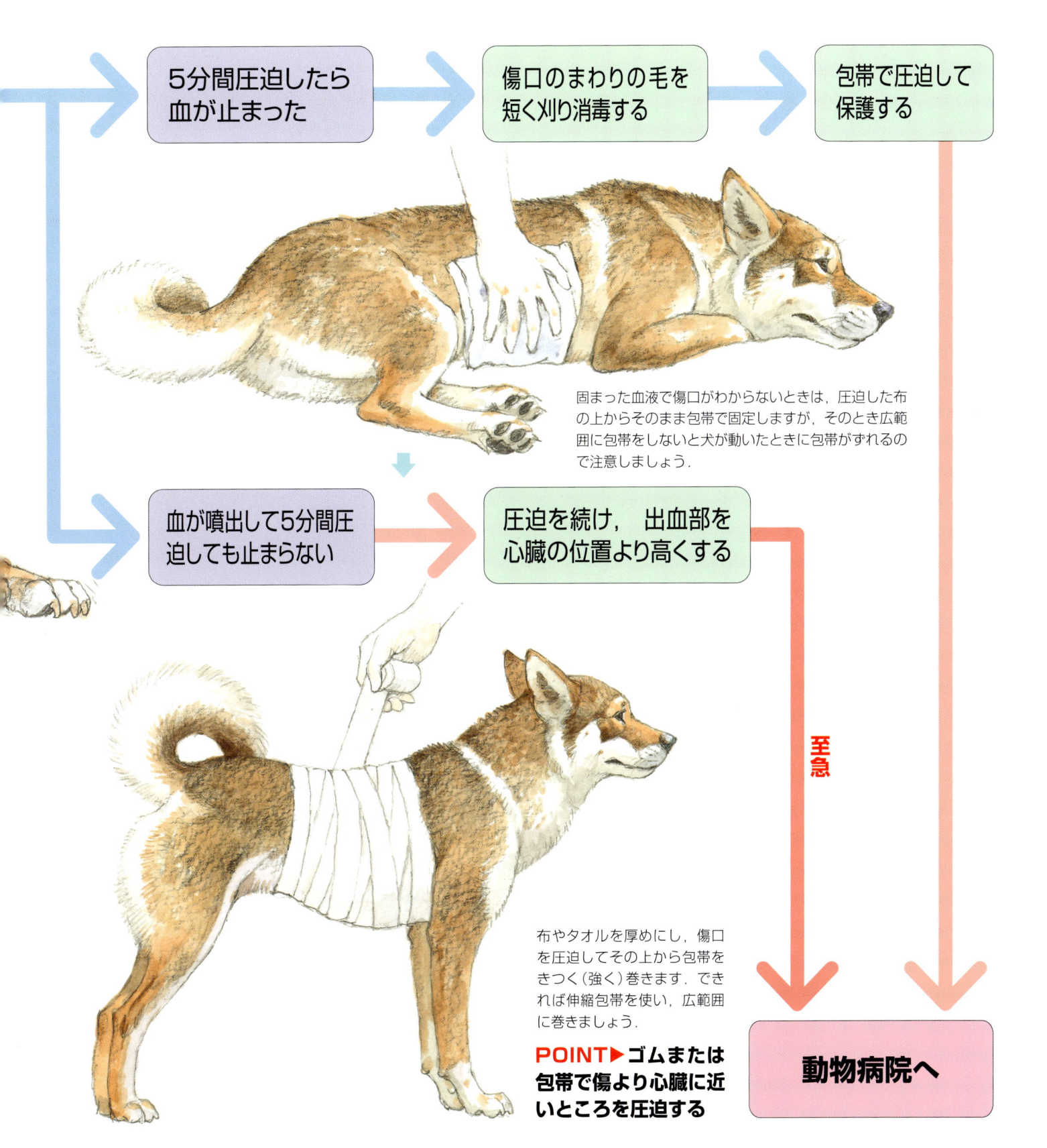

→ 5分間圧迫したら血が止まった → 傷口のまわりの毛を短く刈り消毒する → 包帯で圧迫して保護する

固まった血液で傷口がわからないときは，圧迫した布の上からそのまま包帯で固定しますが，そのとき広範囲に包帯をしないと犬が動いたときに包帯がずれるので注意しましょう．

→ 血が噴出して5分間圧迫しても止まらない → 圧迫を続け，出血部を心臓の位置より高くする

布やタオルを厚めにし，傷口を圧迫してその上から包帯をきつく（強く）巻きます．できれば伸縮包帯を使い，広範囲に巻きましょう．

POINT▶ゴムまたは包帯で傷より心臓に近いところを圧迫する

至急

動物病院へ

部位別の出血
【耳，頭，眼】

耳から出血している → 清潔な布やガーゼで出血部分を強く圧迫（5分間）する →

嫌がって頭を振るので動かさないようにしましょう．血液による汚れの範囲が広いときは濡らしたガーゼでふいて，どこから出血しているのか確かめましょう．

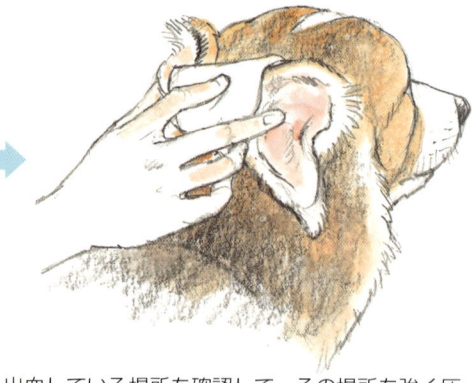

出血している場所を確認して，その場所を強く圧迫します．頭は動かさないようにしましょう．左右の耳を内側に寝かせた状態で包帯をします．

頭から出血している → 清潔な布やガーゼで出血部分を強く圧迫（5分間）する →

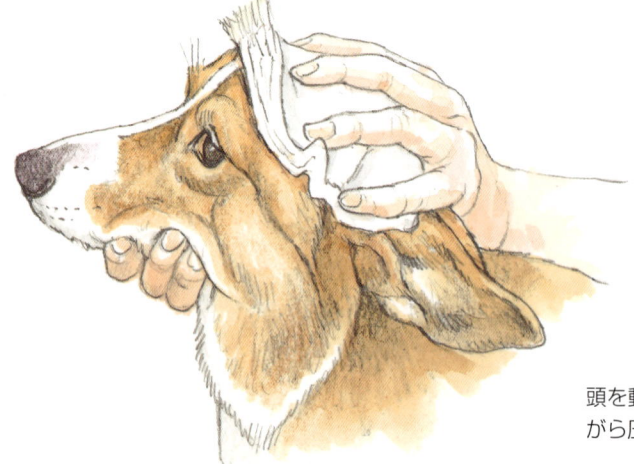

頭を動かさないように固定しながら圧迫して止血しましょう．

眼から出血している → 清潔な布やガーゼで出血部分を強く圧迫（5分間）する → 眼球がとび出していないかを確認する →

頭を動かさないように固定しながら圧迫しましょう．ふれられて痛いとかむことがあるので注意しましょう．

→ 出血が止まってきたら，傷口のまわりの毛を短く刈り消毒する → 必ず両耳を頭につけて全体を包帯で固定する

包帯後は嫌がって包帯をとろうとしたりするので，頭を振って包帯が移動しないように強めにしっかり巻きましょう．タオルの活用も有効です．

👆 首をしめないように

POINT▶耳は頭を振ると再出血しやすいので，伸縮包帯やさらしがあると便利

→ 出血が止まってきたら，傷口のまわりの毛を短く刈り消毒する → 頭部に包帯を巻く

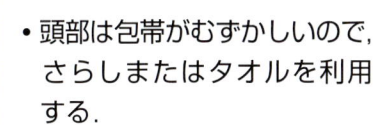

傷は小さくても包帯は広範囲にしましょう．包帯後は嫌がってはずそうとするので強めに巻きましょう．ただし，喉(のど)の部分はしめつけすぎると呼吸が苦しくなるので注意しましょう．

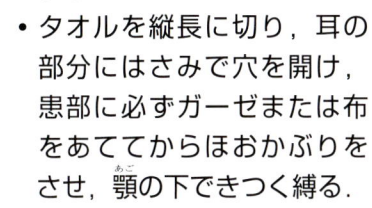

◆頭部の簡単な包帯法
- 頭部は包帯がむずかしいので，さらしまたはタオルを利用する．
- タオルを縦長に切り，耳の部分にはさみで穴を開け，患部に必ずガーゼまたは布をあててからほおかぶりをさせ，顎(あご)の下できつく縛る．

→ 眼球がとび出している → 眼球にガーゼを濡らしてあてる → 眼球のまわりに布またはガーゼをあてる

→ 眼球がとび出していない → 眼球のまわりに布またはガーゼをあてる

短頭種（チワワ，シー・ズー）では咬傷事故のときは眼球がとび出すことがあるので注意しましょう．血液が眼のまわりに多いときには，濡れたガーゼで軽くふいて確かめましょう．

至急

動物病院へ

部位別の出血【耳，頭，眼】

部位別の出血
【鼻，口，首】

鼻から出血している

頭を動かさないようにしましょう．布を顎から鼻にかけてあてて，①出血が事故（咬傷・交通事故）か自然に出たものか，②出血が両側の鼻からか片側からかを確かめましょう．

POINT▶興奮すると血が噴出してくるのでガーゼで押さえながら行う

口から出血している → **どこから出血しているか確認する**

口を開いて，口からの出血か，喉の奥からの出血かを確認しましょう．口を開くときに上唇を上の歯の内側に押し込むようにしてかまれないように注意しましょう．

首から出血している → **清潔な布やガーゼで出血部分を強く圧迫（5分間）する**

動脈からの出血の場合は，圧迫を5分間しても止まらないことがあります．このときは圧迫している布やガーゼの上から強く圧迫しながら包帯を巻きましょう．伸縮包帯があれば利用しましょう．

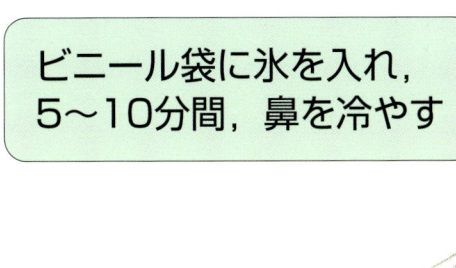

> ビニール袋に氷を入れ，5〜10分間，鼻を冷やす

氷はできるだけ細かくして使いましょう．鼻の穴に綿棒などをつめると嫌がり，くしゃみをすると出血量が増えるので注意しましょう．

口の横からの観察では，口唇(こうしん)を親指で押し上げて確認しましょう．

⚠ 歯，歯肉，舌，口のなかの口腔(こうくう)粘膜からの出血も確認する

> 出血が止まってきたら，傷口のまわりの毛を短く刈り消毒する

> 必ず布かガーゼを首にあて，上から強めに包帯で保護する

首の包帯ははずれやすいので包帯の範囲を広く強めにしましょう．また包帯をイラストのようにわきのほうまでまわすと固定効果があります．

動物病院へ

部位別の出血
【胸部・腹部,足・尾,爪】

胸部・腹部から出血している → 清潔な布やガーゼで出血部分を強く圧迫（5分間）する

体を動かさないように抱きかかえながら圧迫します．事故や咬傷のあとに傷が深いと，まれに内臓が腹腔から露出することがあるので注意しましょう．

足・尾から出血している → 清潔な布やガーゼで出血部分を強く圧迫（5分間）する → 血が止まる

→ 血が止まらない

従順な犬でもふれられて痛みがあると飼い主をかむことがあるので2人で処置をしましょう．出血部の傷口を確かめ，出血の状態が噴出かどうかも確かめましょう．

爪から出血している → 爪を切りすぎて出血した → 自分の手で爪の上部と手根（手首）と爪の根元を圧迫し，別の指で爪の先端をおさえて止血する

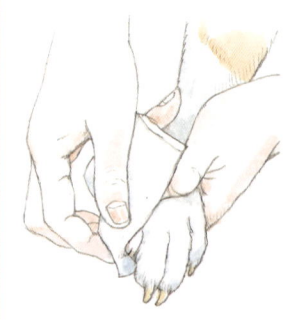

かまれないように2人で処置をしましょう．爪のまわりが泥などで汚れているときは，出血は気にせずに洗浄し，汚れを落としてから圧迫しましょう．

止血できたら徐々にゆるめる

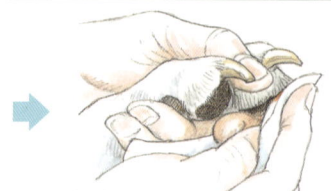

爪の根元を切ったときは瞬間的に出血量が多いので，普段から爪切りといっしょにティッシュペーパーを用意しておきましょう．

→ けがで爪が折れた → 清潔な布やガーゼで出血部分を強く圧迫（5分間）し，自分の手で犬の手根（手首）を圧迫して止血する

- 出血が止まってきたら,傷口のまわりの毛を短く刈り消毒する
- 出血部分に布かガーゼをあて,伸縮包帯やさらしで圧迫して保護する

胸部・腹部の包帯の範囲はできるだけ広くしましょう.とくに傷口から内臓が出ているときは濡れた布かガーゼで包んだあと,その上から包帯をして保護しましょう.大型犬の場合はさらしが使いやすいです.

- 出血が止まってきたら,傷口のまわりの毛を短く刈り消毒する
- 包帯で少し強めに圧迫して保護する

- ゴムとわりばしを用意し,出血部分より心臓に2〜5cmくらい近い部分を駆血する

POINT▶足,爪の出血は傷より上部を強く圧迫して止血(駆血)する

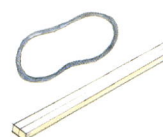

①ゴムとわりばしを用意します.イラストのようにゴムとわりばしを置き,心臓に2cmくらい近い部分を駆血します.

出血部にガーゼをあてて,その上から包帯をしましょう.包帯がはずれないように広い範囲で行い,伸縮包帯があれば利用しましょう.

- 徐々にしめつけた部分をゆるめ,包帯で保護する

②わりばしを矢印のように回転させて,ゴムで傷口をしめつけて止血します.

③徐々にしめつけた部分をゆるめていき,包帯で傷口を保護します.

- 包帯で少し強めに圧迫して保護する

動物病院へ

部位別の出血【胸部・腹部,足・尾,爪】

膿瘍

膿瘍はおもに細菌が体内に入り増殖して限局的に組織や筋肉が化膿して膿汁がたまった状態です．膿瘍はすべての臓器におこりますが，飼い主が一般的に目にするのは皮下の膿瘍で，けがやけんかでの咬傷事故のあとに多くみられます．膿瘍は化膿が進み大きくなると破れ，血様の膿が皮膚から噴出することがあり，これを自潰といいます．

→ 傷口周囲がだんだん腫れ，皮膚をさわるとやわらかく，皮膚の色が暗赤色に変化して痛がる

→ 破れた皮膚のまわりの毛を短く刈る

→ ショックの兆候がみられる

→ ショックをみきわめる 42ページ

皮膚がもり上がり，さわると嫌がったり痛がったりします．皮膚が暗赤色に変化してくると，その皮膚の下は化膿しています．

皮膚がやわらかく隆起しているときは，上からの消毒のみとします．自潰して破れたときは傷に布をあて，膿を飛散させないように注意しましょう．

皮下の膿瘍は飼い主が注意をすることで防ぐことができます．膿瘍のほとんどが外部からの細菌の侵入でおこります．たとえば，散歩途中に木片が刺さった，ほかの犬にかまれたといった場合です．このような場合，傷が小さいので見逃しやすいのですが，皮下に細菌が入り化膿して膿瘍になります．膿瘍の範囲が深い場合は筋肉まで化膿し自潰しますが，原因となる細菌などが残っていると表面は治ったようにみえても再び化膿して膿瘍の再発をくり返します．自潰した膿瘍の手当では破れた傷の洗浄が重要になります．家庭では完全には治療ができないので，再発防止のためにも必ず動物病院できちんと診察を受けましょう．

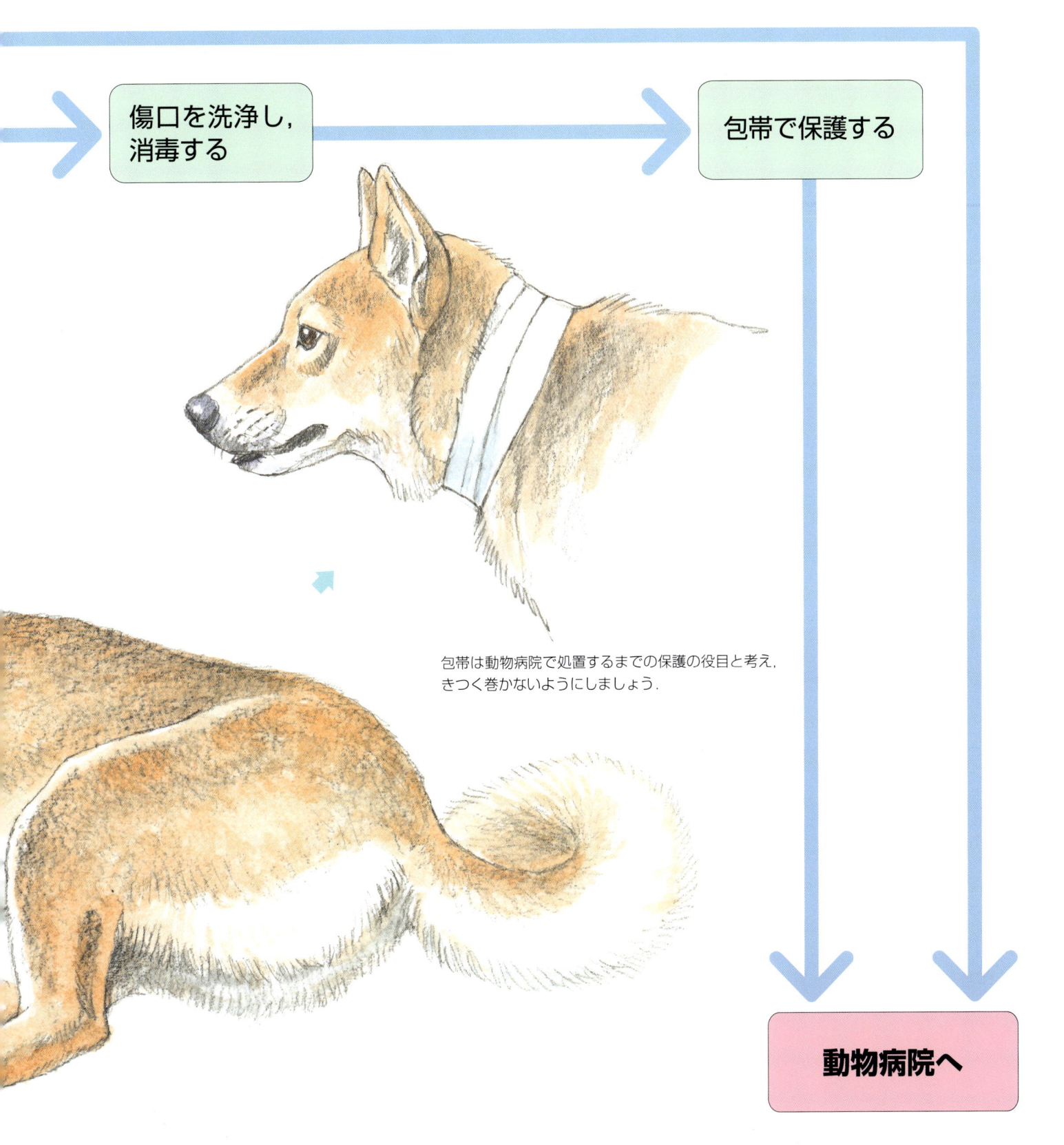

→ 傷口を洗浄し，消毒する → 包帯で保護する

包帯は動物病院で処置するまでの保護の役目と考え，きつく巻かないようにしましょう．

動物病院へ

すり傷

すり傷の応急手当でもっとも重要なことは傷口を清潔に保つことです．患部のまわりの毛を短く刈り，消毒などの処置を行いやすいようにします．消毒は消毒液を使って傷口の汚れを洗い流します．消毒液がしみて，処置を嫌がる場合は水道水にしましょう．出血を伴っている傷では，ガーゼを2，3枚重ねて上から圧迫しましょう．

→ 出血が少ない → 消毒液で傷口を洗い，ガーゼを重ねて傷口にあて，指先で圧迫して止血を行う

→ 出血が多い →

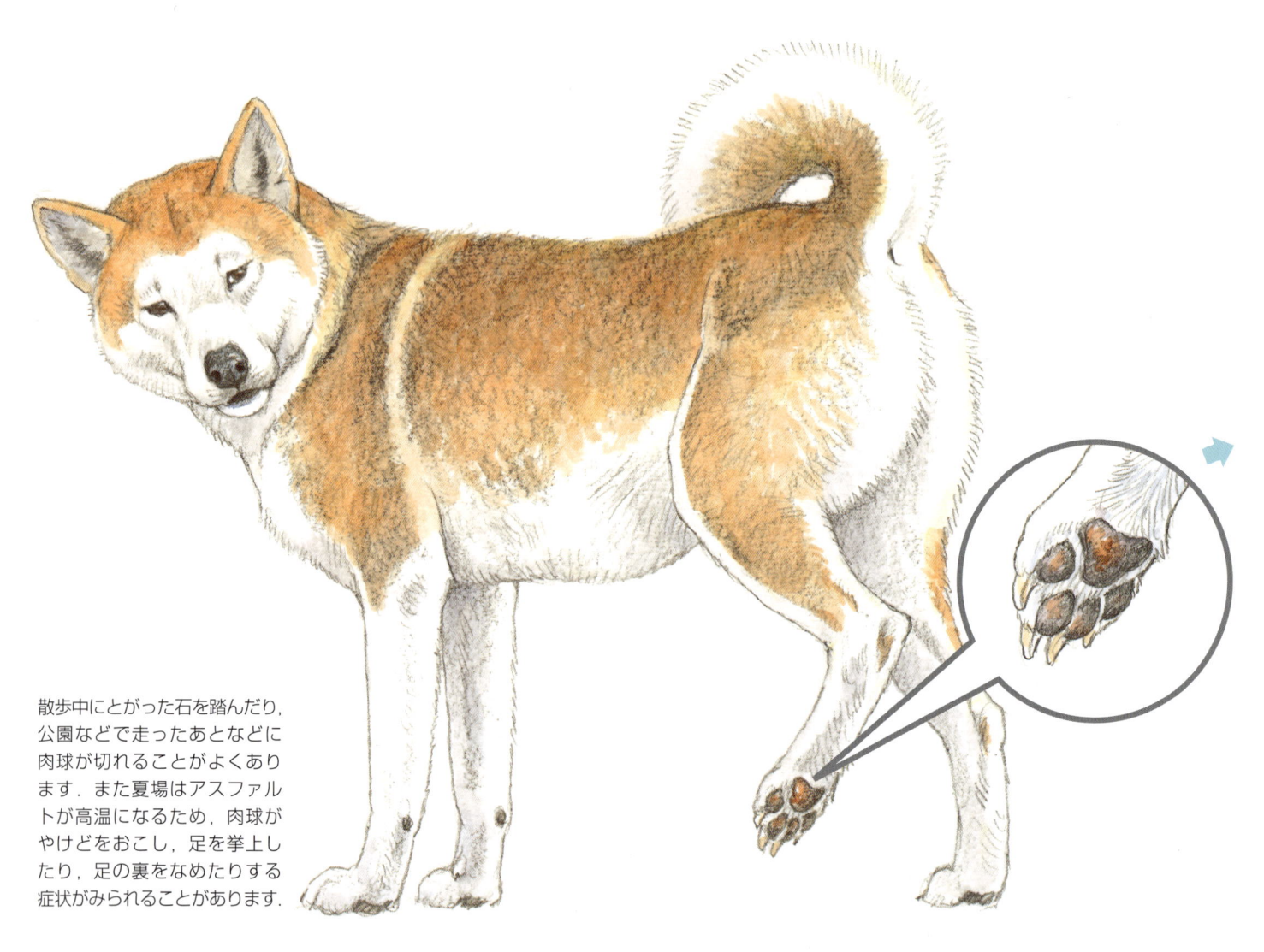

傷口をなめさせない．興奮させない

散歩中にとがった石を踏んだり，公園などで走ったあとなどに肉球が切れることがよくあります．また夏場はアスファルトが高温になるため，肉球がやけどをおこし，足を挙上したり，足の裏をなめたりする症状がみられることがあります．

62　応急手当の実際　外傷

損傷のなかにもさまざまな種類があり，分類を行うとかなり細かく分けることができます．
①鋭器損傷：切創（弁状創，面創），刺創，割創
②鈍器損傷：挫創，裂創，表皮剥離，皮下出血
家庭において，犬がどのようなすり傷を負っているのかをみきわめるのはむずかしいです．

外傷により皮膚が傷つくと，その部位に二次的な細菌感染をおこし，傷治療の妨げとなります．
家庭での応急手当としてもっとも重要なことは，細菌感染させないように創傷面を清潔に保ち，出血を伴う場合は出血点をしっかりみきわめていち早く圧迫して止血をすることです．

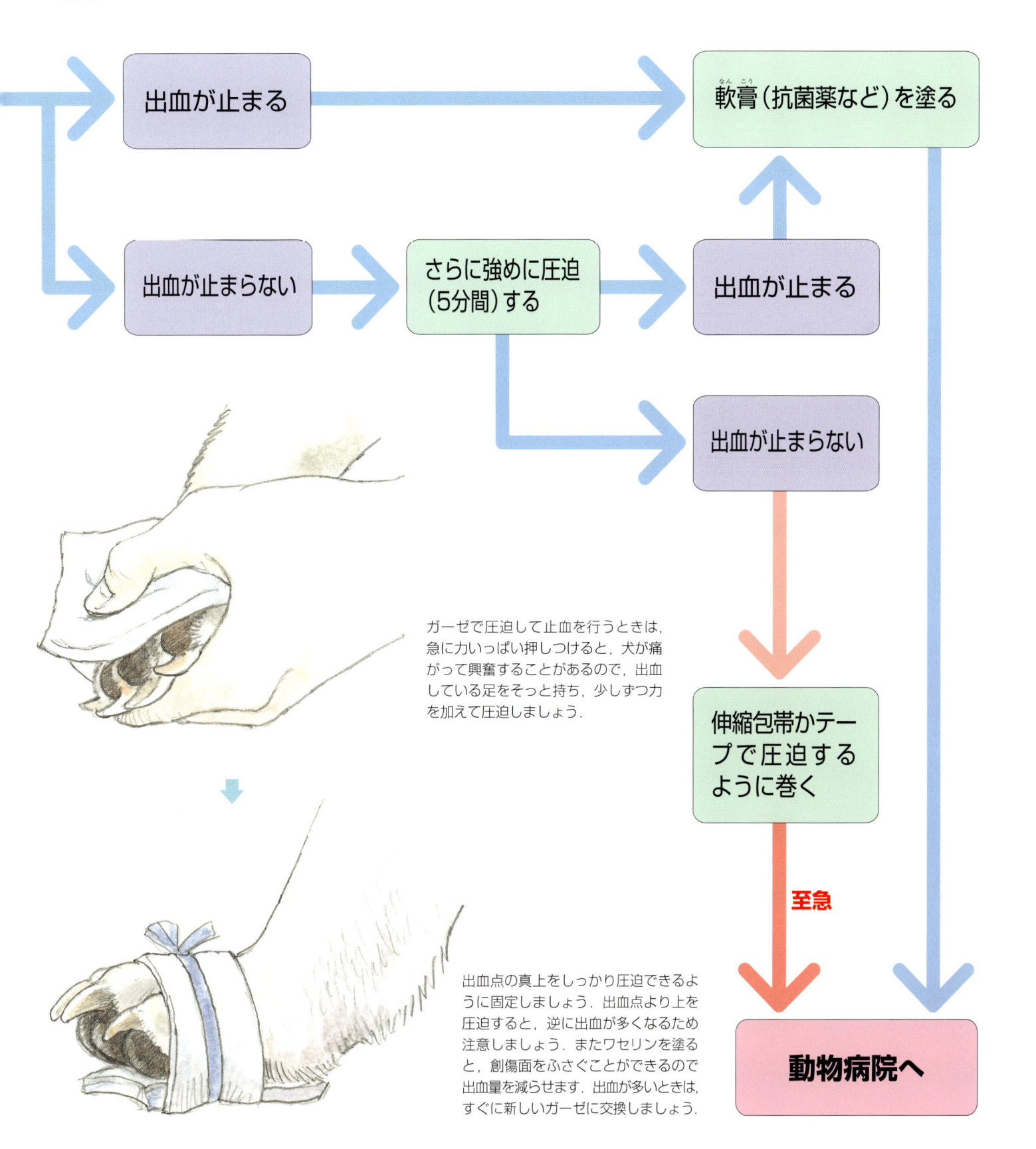

```
出血が止まる ─────────────────────→ 軟膏（抗菌薬など）を塗る
                                          ↑
出血が止まらない → さらに強めに圧迫(5分間)する → 出血が止まる
                                       ↓
                                    出血が止まらない
                                       ↓
                                    伸縮包帯かテープで圧迫するように巻く
                                       ↓ 至急
                                    動物病院へ
```

ガーゼで圧迫して止血を行うときは，急に力いっぱい押しつけると，犬が痛がって興奮することがあるので，出血している足をそっと持ち，少しずつ力を加えて圧迫しましょう．

出血点の真上をしっかり圧迫できるように固定しましょう．出血点より上を圧迫すると，逆に出血が多くなるため注意しましょう．またワセリンを塗ると，創傷面をふさぐことができるので出血量を減らせます．出血が多いときは，すぐに新しいガーゼに交換しましょう．

刺し傷

刺し傷は，傷口が小さく出血が少なくても，奥が深い場合が多く，小さな傷でも化膿しやすいので注意が必要です．刺さったものはできるだけとり除き，傷口をきちんと洗浄し，消毒しましょう．ただし，大きな刺し傷の場合は体の深部の臓器を傷つけている場合もあり，場所によってはとても危険です．むやみに抜かないようにしましょう．

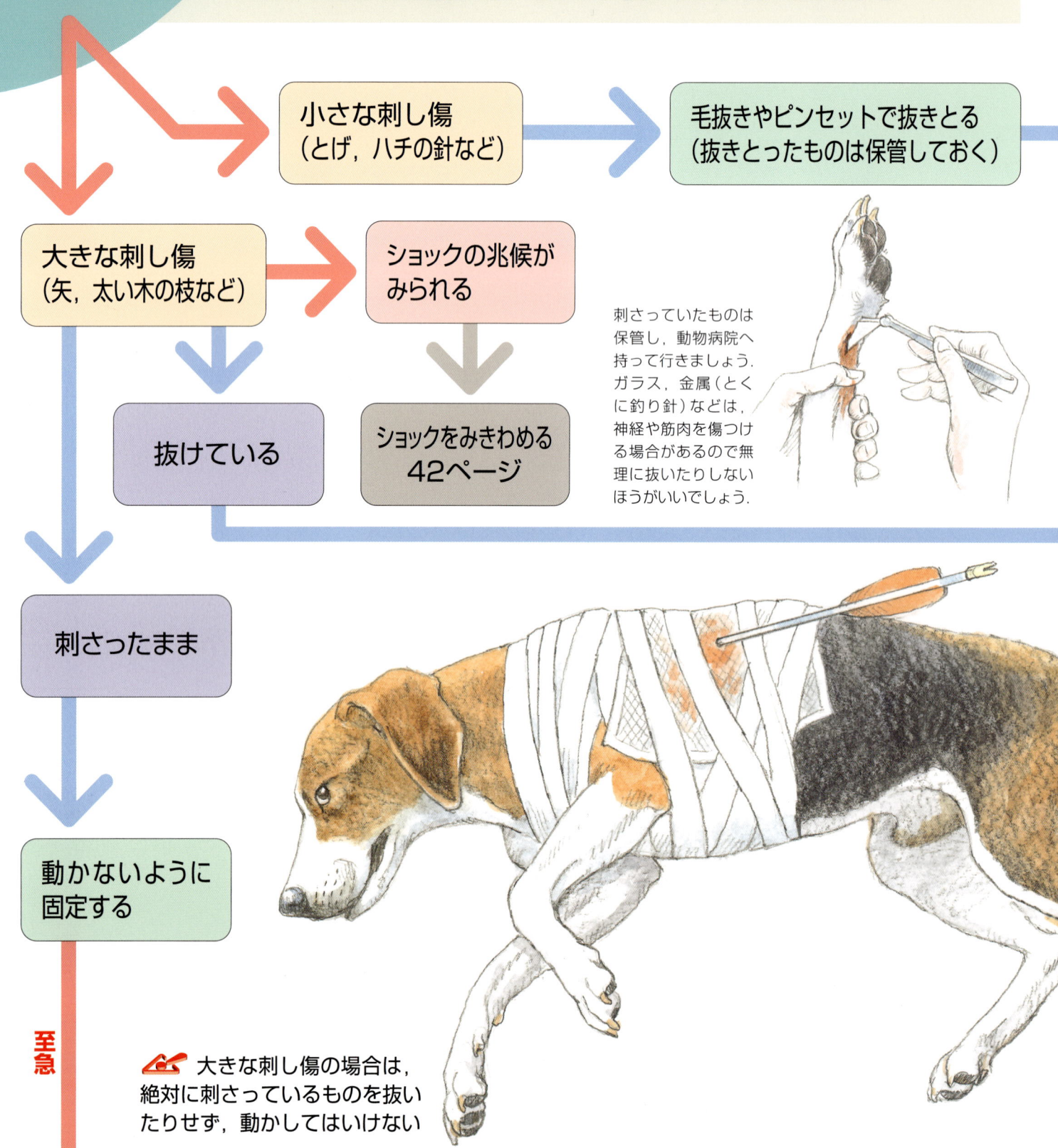

```
                    ┌─ 小さな刺し傷 ──→ 毛抜きやピンセットで抜きとる
                    │  (とげ，ハチの針など)   (抜きとったものは保管しておく)
                    │
                    └─ 大きな刺し傷 ──→ ショックの兆候がみられる
                       (矢，太い木の枝など)         │
                            │                      ↓
                            ├→ 抜けている      ショックをみきわめる
                            │                      42ページ
                            ↓
                        刺さったまま
                            ↓
                        動かないように
                        固定する
                            ↓
                           至急
```

刺さっていたものは保管し，動物病院へ持って行きましょう．ガラス，金属（とくに釣り針）などは，神経や筋肉を傷つける場合があるので無理に抜いたりしないほうがいいでしょう．

大きな刺し傷の場合は，絶対に刺さっているものを抜いたりせず，動かしてはいけない

至急

64　応急手当の実際　外傷

刺し傷は，傷の奥まで細菌が侵入することにより，感染をおこす危険性が高い傷です．小さな刺し傷でも，木やグラスファイバーなど，刺さったものによっては抜くときに崩れてしまい，抜くのがむずかしいものもあります．大きな刺し傷では，刺さっているものの長さ以上に深い部分が傷ついていることもあり，また刺さっているものが動いてしまうと内部の傷をひどくしてしまいます．ひき抜くことで神経や筋肉，大きな血管を傷つけたり，大量出血してしまうおそれもあります．緊急手術が必要となる場合もあるため，安易な自己判断や手当をせず，なるべく早く動物病院に連れて行きましょう．

→ 傷口の周囲を圧迫して血を絞り出し，まわりの毛を短く刈る → 傷口を洗浄し，消毒する

☞ 色のついた消毒液は傷の確認ができなくなるので使用しない

傷口の周囲を圧迫することで，細菌や毒，汚れを流し出します．

☞ 暴れるので注意する．できるだけ手袋を着用する

かゆがる 74ページ

→ 傷口をふさぐように強めに包帯を巻く

刺さっていたものを持って

至急 → **動物病院へ**

刺し傷 65

やけど
（熱傷と熱湯熱傷）

犬にとってのやけどは軽症から重症までさまざまで，原因としては湯気，熱湯，お風呂，長時間のホットカーペット，夏の散歩時の肉球のやけどのほか，薬品によるものがあります．やけどの処置は，できるだけ早いうちに流水などで冷やすことです．また，軽いやけどであっても範囲が広ければ死の危険があります．

熱傷のレベル

度数	状態	再生状態
Ⅰ度	表皮が赤くなったりジクジクした状態	半月以下で再生．一見軽度にみえても重度の場合もあるⅠ度であっても熱傷の範囲が広ければ重度と考える
Ⅱ度	真皮に達し，水疱(すいほう)ができてジクジクした状態	半月以下で再生．黒ずみなどが残る
Ⅲ度	真皮がえぐられた状態：糜爛(びらん)（植皮などを要するときもある）	1～2か月で再生再生した皮膚は明らかに異なり，常に張った状態
Ⅳ度	皮下組織まで達し，えぐられた状態：壊死(えし)（細胞の再生が不可能な状態）	再生には2か月以上を要するえぐられた細胞は再生困難な状態．被毛の再生はない

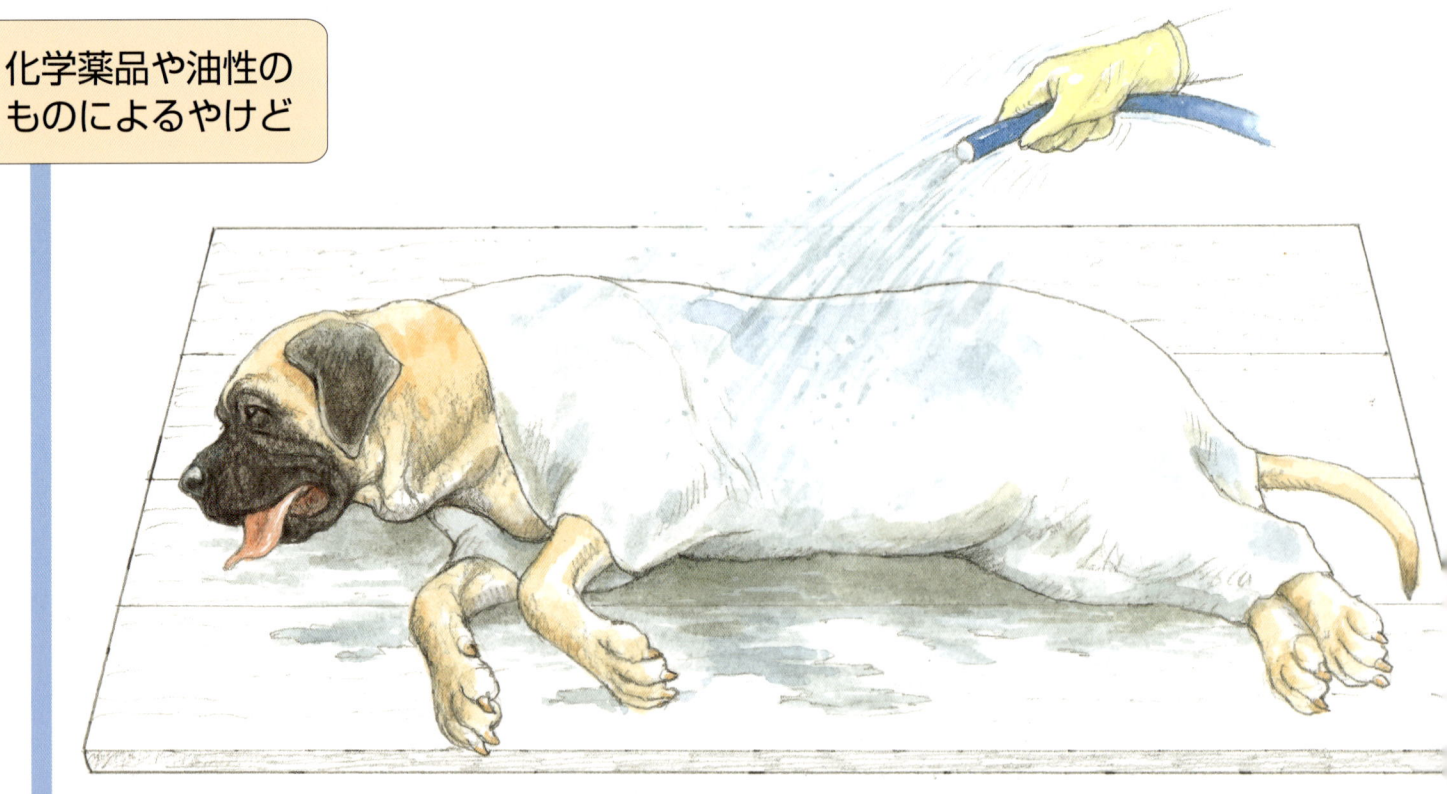

化学薬品や油性のものによるやけど

重度のやけどと同じように患部をタオルなどで保護したうえで，大量の水で薬品を洗い流し，薬品の種類や成分をメモして動物病院へ行きましょう．

除去できないからといって薬などを使用しない

ゴム手袋をして，患部にかかった薬品を水で洗い流す

原因となった薬品を持って

至急

犬の皮膚はやけどをしても水疱ができにくく，なかなか気がつかないので，必要に応じて毛を短く刈るなどしてきちんと確認をしましょう．
化学薬品によるやけどは，通常のやけどのように冷やせば治るわけではなく，薬品がなくなるか中和されるまで組織が破壊され続ける可能性があるため，薬品がなくなるまで長時間根気よく洗い流すことが必要です．ただし，ブラシなどを使って傷口をこすったりしないように注意しましょう．やけどをして意識がない状態に陥ってしまったら，冷やしながら，至急，動物病院へ搬送しましょう．犬のやけどの発生場所としては台所が多く，普段から台所へ近づけないことも重要です．

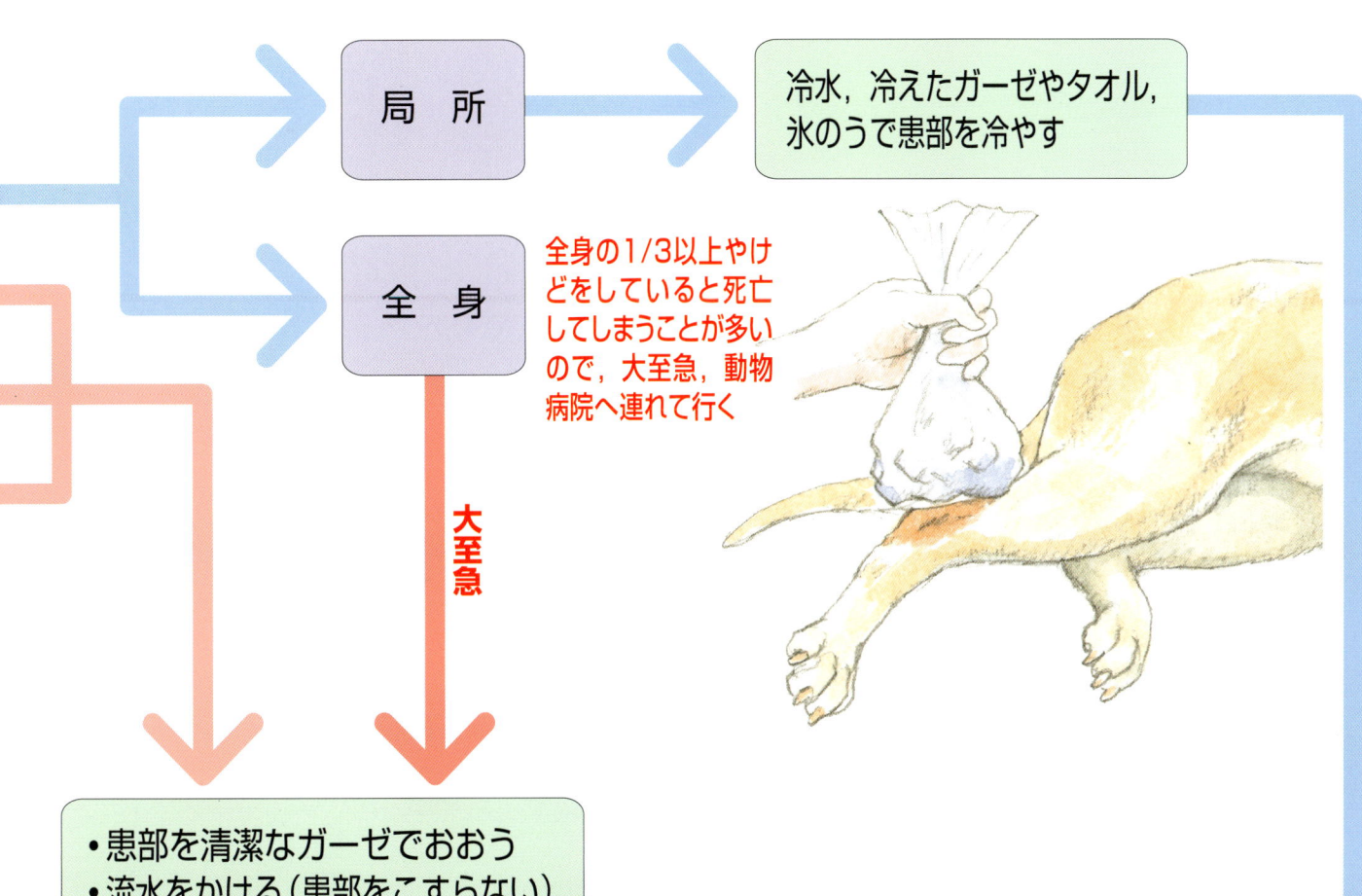

局所 → 冷水，冷えたガーゼやタオル，氷のうで患部を冷やす

全身 → 全身の1/3以上やけどをしていると死亡してしまうことが多いので，大至急，動物病院へ連れて行く

大至急

- 患部を清潔なガーゼでおおう
- 流水をかける（患部をこすらない）
- 氷のうをあてる
- 毛布で体全体を包み，体温保持に心がける

体全体が濡れると，ショック（42ページ）で低体温（144ページ）を併発する可能性がある

痛がって暴れるのでかまれないように

▶熱傷のレベルⅠ度
背中に熱湯がかかったことによる発赤と脱毛．

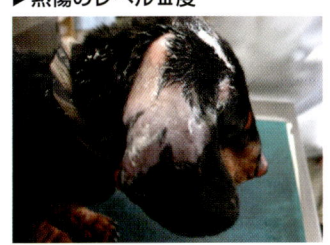

▶熱傷のレベルⅢ度
熱湯のなかに頭部から落下した翌日の状態．

至急 / **大至急** → **動物病院へ**

やけど 67

毒物，刺激物との接触による創傷（化学傷）

化学薬品などの毒物や刺激物が体にかかった場合は，すぐに大量の流水で洗い落とすことが大切です．油性の物質で落ちにくい場合は，ワセリンでやわらかくしてとり，動物用シャンプーや低刺激性の石鹸で洗い流します．また，犬がなめることによって生じる二次的中毒にも注意が必要です．その場合，口のなかを洗い流すことを忘れないようにしましょう．

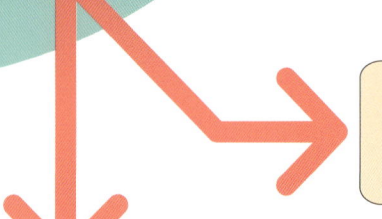

→ 毒物，刺激物は毛の表面だけで皮膚には接触していない → 被毛を洗浄または毛を短く刈る

→ 毒物，刺激物が毛や皮膚にかかってしまった

抱いたり声をかけたりして犬を落ち着かせましょう．

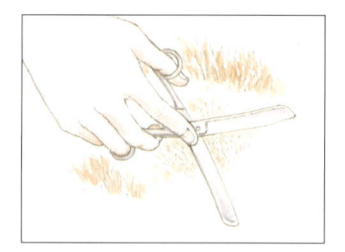

▶はさみの使い方
毛を短く刈るときは，毛の方向に逆らうようにして皮膚と平行になでるように切ります．毛をひっぱりながら切ると，もち上がった皮膚も切ってしまうことがあるので注意が必要です（下側の刃を皮膚に固定して上側の刃を動かす）．はさみは先のとがっていないものを使いましょう．

→ 皮膚と被毛を洗浄する

☛ 洗浄時には手袋やエプロンをして毒物や刺激物との接触を避ける．
ペンキ，コールタールなどの落ちにくい物質を流すためにシンナーや塗料除去剤などの有機溶剤を使用しない

☛ 犬が毒物，刺激物をなめないようにする．万一なめてしまったら口のなかを洗い流す

犬が水を飲み込んでしまわないように下を向けるなど注意しましょう．

→ **動物病院へ**

さまざまな化学物質のなかには，体の表面から吸収されて毒性を示すものもあります．洗い流すときは浴槽などにつけるのではなく，流水で十分に洗い流すようにしましょう．

凍傷

凍傷は，とくに体の末端が冷やされることにより血行不良がおこり，放置すると末端の組織の壊死(えし)にまで至ってしまいます．凍傷の場合，全身症状を併発していることも多いので，局所症状にこだわることなく，ショックや低体温症などの全身症状にも気を配り，ゆっくりしっかりあたためてあげましょう．

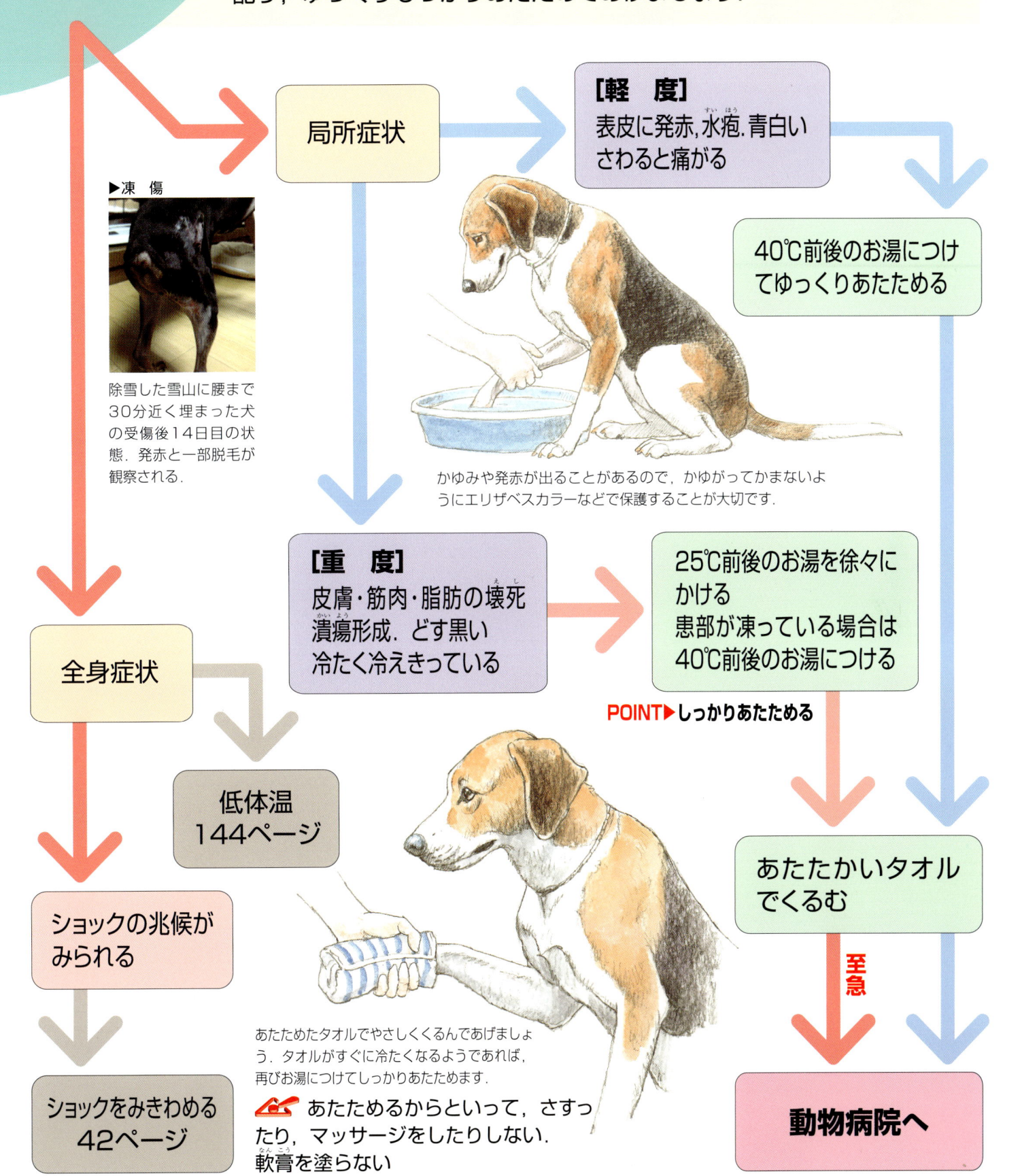

局所症状

[軽度] 表皮に発赤，水疱(すいほう)．青白い さわると痛がる

→ 40℃前後のお湯につけてゆっくりあたためる

▶凍傷
除雪した雪山に腰まで30分近く埋まった犬の受傷後14日目の状態．発赤と一部脱毛が観察される．

かゆみや発赤が出ることがあるので，かゆがってかまないようにエリザベスカラーなどで保護することが大切です．

[重度] 皮膚・筋肉・脂肪の壊死(えし) 潰瘍(かいよう)形成．どす黒い 冷たく冷えきっている

→ 25℃前後のお湯を徐々にかける 患部が凍っている場合は40℃前後のお湯につける

POINT▶しっかりあたためる

→ あたたかいタオルでくるむ

全身症状

低体温 144ページ

ショックの兆候がみられる

ショックをみきわめる 42ページ

あたためたタオルでやさしくくるんであげましょう．タオルがすぐに冷たくなるようであれば，再びお湯につけてしっかりあたためます．

⚠ あたためるからといって，さすったり，マッサージをしたりしない．軟膏(なんこう)を塗らない

至急 → 動物病院へ

虫さされ

虫さされは，ハチ（スズメバチ，アシナガバチ）やマダニなどに刺されることによりおこります．ハチなどに刺されると，腫れて痛みだしたり，化膿（かのう）したりします．おもに鼻付近と前肢が被害にあいやすく，中毒やショックをおこすこともあります．散歩中に変わった反応があった場合には，ハチの針が刺さっていないか，マダニなどが指の間についていないか，傷がないかをよく確認しましょう．

→ 激しくなめる，かく

↓ ショックの兆候がみられる

↓ ショックをみきわめる 42ページ

毒素が皮膚に入ると，毛細血管が拡張し，血漿（けっしょう）がしみ出し，やがて急速に腫れ上がります．足を着くのを嫌がったり，足をみせないときは，無理をせずに動物病院に連れて行きましょう．

◆アナフィラキシーショック（即時型アレルギー反応）について

虫さされ・食品・ワクチンなどによって，急激に全身にアレルギー反応がおき，ショック状態になることがあります．
- 気道粘膜の浮腫（ふしゅ）による呼吸困難（チアノーゼ症状）
- 血圧低下による循環不全状態（心停止がおこることもある）
- 意識がなくなるなどの虚脱状態

などの症状がおもに現れ，危険な状態になります．症状は10〜30分後にもっとも強くなります．心停止や窒息などで10〜20%が死亡します．一度，処置を行って改善されても数時間後に再び症状が悪化することもあるので油断をしてはいけません．症状のはじまりを感じたら，一刻も早く治療を受けることが大切です．呼吸や血液循環を改善するために，エピネフリンやステロイドの注射・酸素吸入などが症状に合わせて行われます．

ハチに刺されると，ミツバチの場合では皮膚に針と毒の入った袋（毒嚢）が残りますが，スズメバチでは残りません．そのような場合は，ピンセットや毛抜きなどで気をつけて針を抜きましょう（逆棘があるので慎重に）．ただし，犬が嫌がって抜くのがたいへんな場合は，無理をせずに動物病院へ連れて行きましょう．また針を無理にひっぱると皮膚のなかに残るので，この場合も動物病院で切開してもらいましょう．

ハチは5〜6月に大量に羽化するため，ハチによる虫さされの被害は7〜10月に多くなる傾向があります．

多数の刺し傷がある 傷口が見つからない

毒素により中毒反応，多臓器不全状態がおこる場合がある
至急

呼吸が苦しそうな場合やゼーゼーと音がする場合，歩けないなどの症状がある場合は早急な治療が必要です．

刺し傷が少なく 傷口がわかる

針や毒をとる
（ハチの詳細については上部参照）

口で毒を吸い出さない．
出たものは直接ふれず，ふきとる

至急

▶傷口の処置法
ヘラやカードを使って，傷の周囲から中心に向かって絞りましょう．絞った血が直接指につかないように気をつけましょう．ビニール袋などを手にはめて，破れないように気をつけながら絞ってもよいでしょう．

動物病院へ

爪の異常

犬の爪は弧を描いて伸びるため,伸びすぎると割れたり,はがれたり,折れたり,皮膚に刺さってしまうことがあります.とくに狼爪は直接地面にあたらないため,ほかの爪よりも削れにくく,普段から注意が必要です.爪が刺さってしまったら,必ずほかの爪も確認しましょう.また,爪のなかには血管が走っているので短く切りすぎると出血してしまいます.爪が折れたり,はがれたりした場合には,爪だけでなく指を痛めていることがあります.

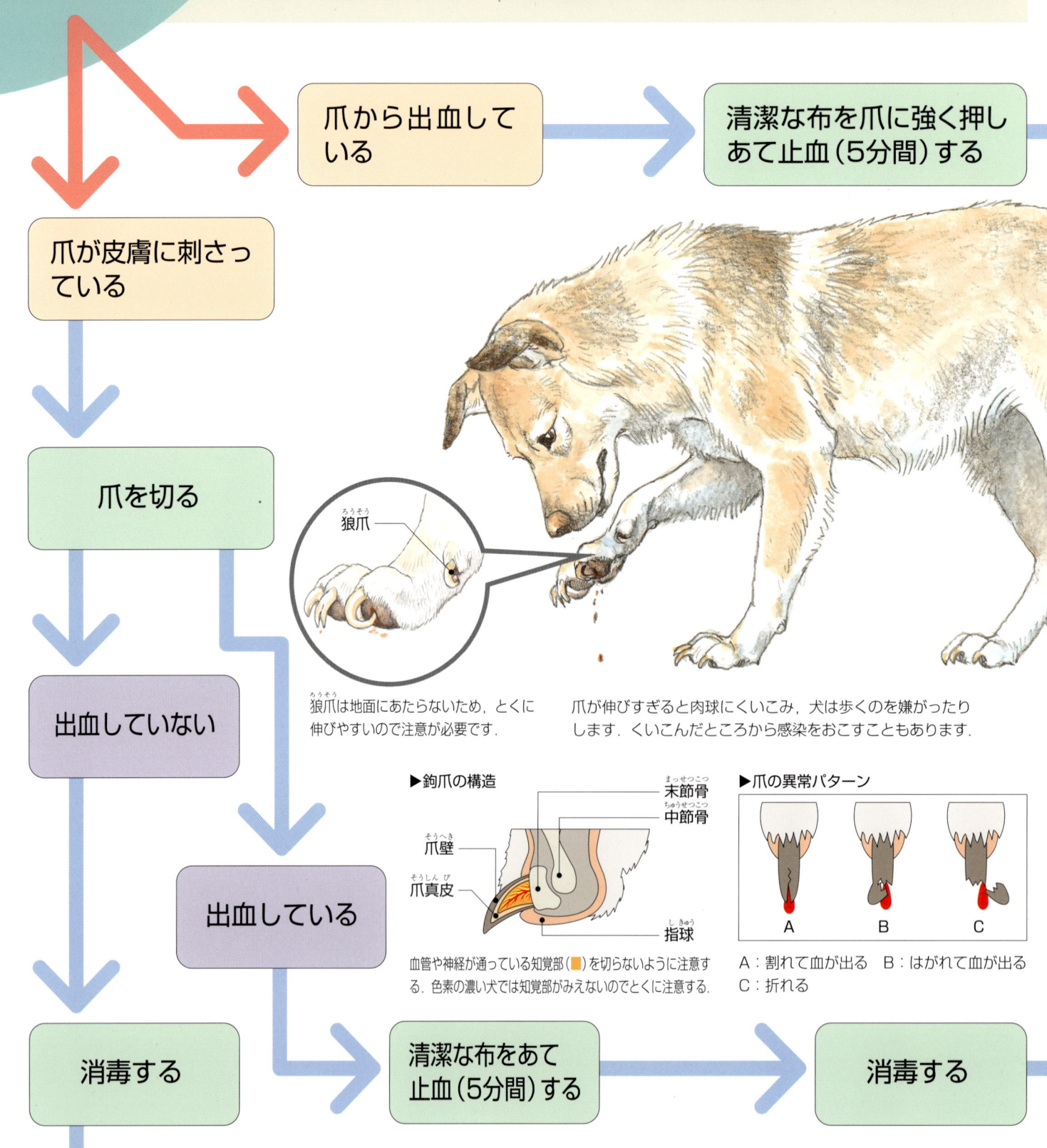

```
                → 爪から出血している → 清潔な布を爪に強く押しあて止血(5分間)する
 爪の異常
                → 爪が皮膚に刺さっている
                      ↓
                    爪を切る
                      ↓
                  出血していない → 消毒する
                      ↓
                   出血している → 清潔な布をあて止血(5分間)する → 消毒する
```

▶ 狼爪
狼爪は地面にあたらないため,とくに伸びやすいので注意が必要です.

爪が伸びすぎると肉球にくいこみ,犬は歩くのを嫌がったりします.くいこんだところから感染をおこすこともあります.

▶ 鉤爪の構造

末節骨
中節骨
爪壁
爪真皮
指球

血管や神経が通っている知覚部(■)を切らないように注意する.色素の濃い犬では知覚部がみえないのでとくに注意する.

▶ 爪の異常パターン

A:割れて血が出る　B:はがれて血が出る
C:折れる

犬の爪は血管が途中まで通っているため，長く伸ばしすぎるとなかの血管も伸びてきてしまい，長めに切ったつもりでも出血するようになってしまいます．また，指を痛めてしまう原因にもなります．普段から適切な長さに保つことが大切です．とくに室内犬や散歩の時間が減った犬は爪が削れないため伸びやすく，月に1～2回の定期的な爪切りが必要です．伸びすぎた爪はギロチン型の爪切りでは切りにくいため，ニッパー型の爪切りのほうが便利です．

足先は犬にとって急所であるため，一般に犬は爪を切られることを嫌がります．子犬のときから足の先，爪などをつまんだりして慣らしておきましょう．

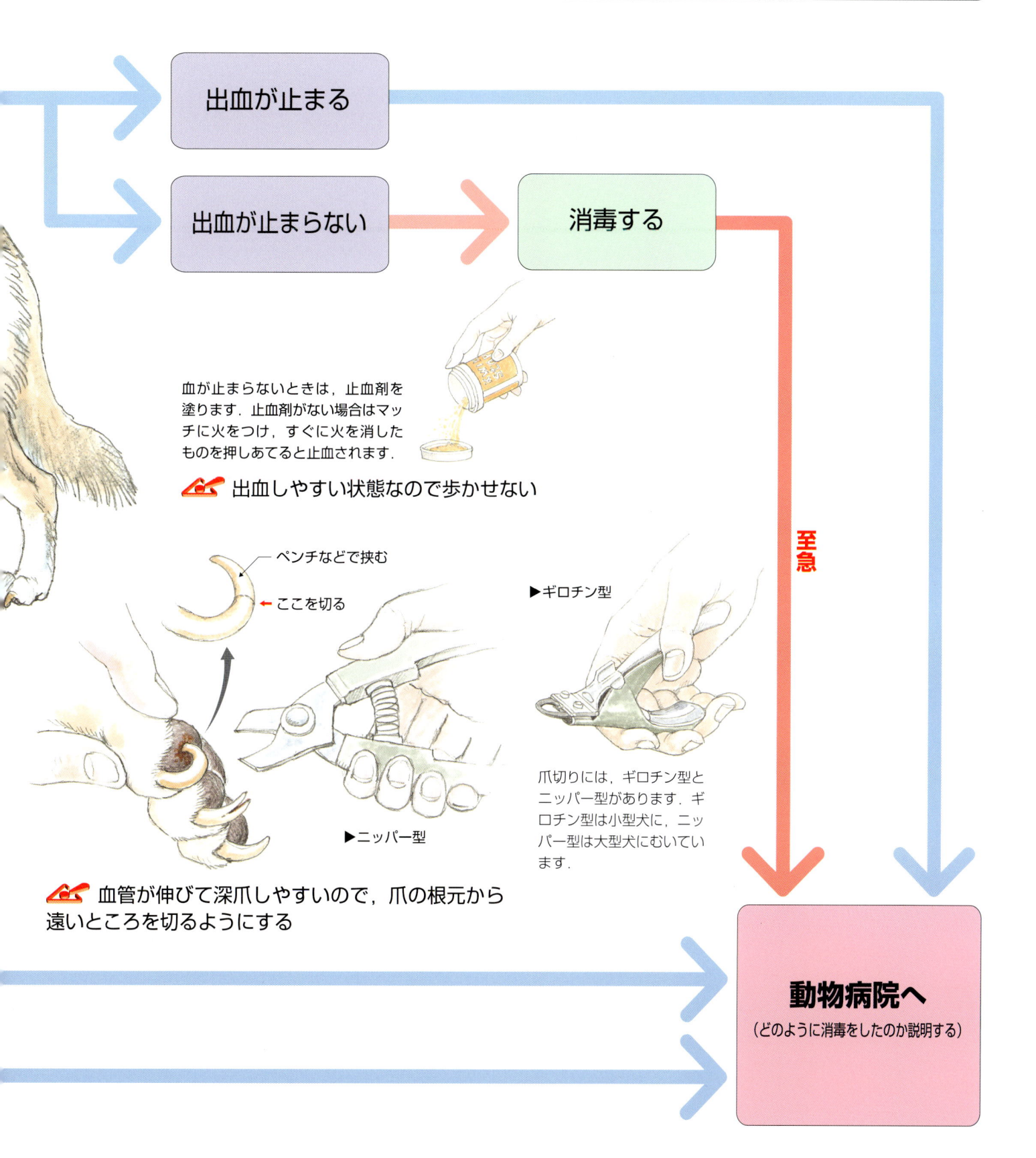

出血が止まる

出血が止まらない → **消毒する**

血が止まらないときは，止血剤を塗ります．止血剤がない場合はマッチに火をつけ，すぐに火を消したものを押しあてると止血されます．

☞ 出血しやすい状態なので歩かせない

ペンチなどで挟む
← ここを切る

▶ニッパー型

▶ギロチン型

爪切りには，ギロチン型とニッパー型があります．ギロチン型は小型犬に，ニッパー型は大型犬にむいています．

至急

☞ 血管が伸びて深爪しやすいので，爪の根元から遠いところを切るようにする

動物病院へ
（どのように消毒をしたのか説明する）

かゆがる（搔痒）

かゆみをおこす代表的疾患にアレルギーがありますが，外傷，食餌，寄生虫（ノミ，シラミ，ダニなど），細菌，免疫異常，腫瘍などによってもかゆみを生じることがあります．かきむしるのを防ぐため，なるべくかかせないようにして，かゆみのある部分を清潔に保ちましょう．冷やすことでかゆみを軽減することができます．保冷剤などで冷やすときは患部に直接あてず，タオルでおおって冷やしましょう．

- 局所的にかゆがる → 患部を冷やす
- 全身的にかゆがる → シャンプーなどで体を洗う
  - かゆみが増すので温水で洗わない

かゆみが強いときは，犬ができるだけ皮膚をかきむしらないよう注意しましょう．かきむしってしまうことで，出血や二次的な細菌感染をおこし，症状が進行します．かゆみが強いときは，患部をガーゼやタオルなどでおおいましょう．

かゆみの原因としては，①外傷（剥離，耳道や鼻道の異物），②化学的刺激物，③食餌，④寄生虫（ノミ，ハラジラミ，シラミ，ミミヒゼンダニ，ツツガムシ，ニキビダニ），⑤細菌（膿皮症，肛門嚢炎），⑥腫瘍（肥満細胞腫，皮膚リンパ肉腫），⑦アレルギー（薬物，外部寄生虫，食餌，ホルモン，自己免疫疾患），⑧乾燥などがあげられます．このように，かゆみの原因はさまざまで，家庭でできる応急手当は限られます．かゆみのある部位を清潔に保ち，かきむしるのを防ぐためにも，かかせたりなめさせたりしないことが重要です．シャンプーや局所的に冷やすなどの処置を行い，改善のないときはすぐに動物病院の診察を受けましょう．

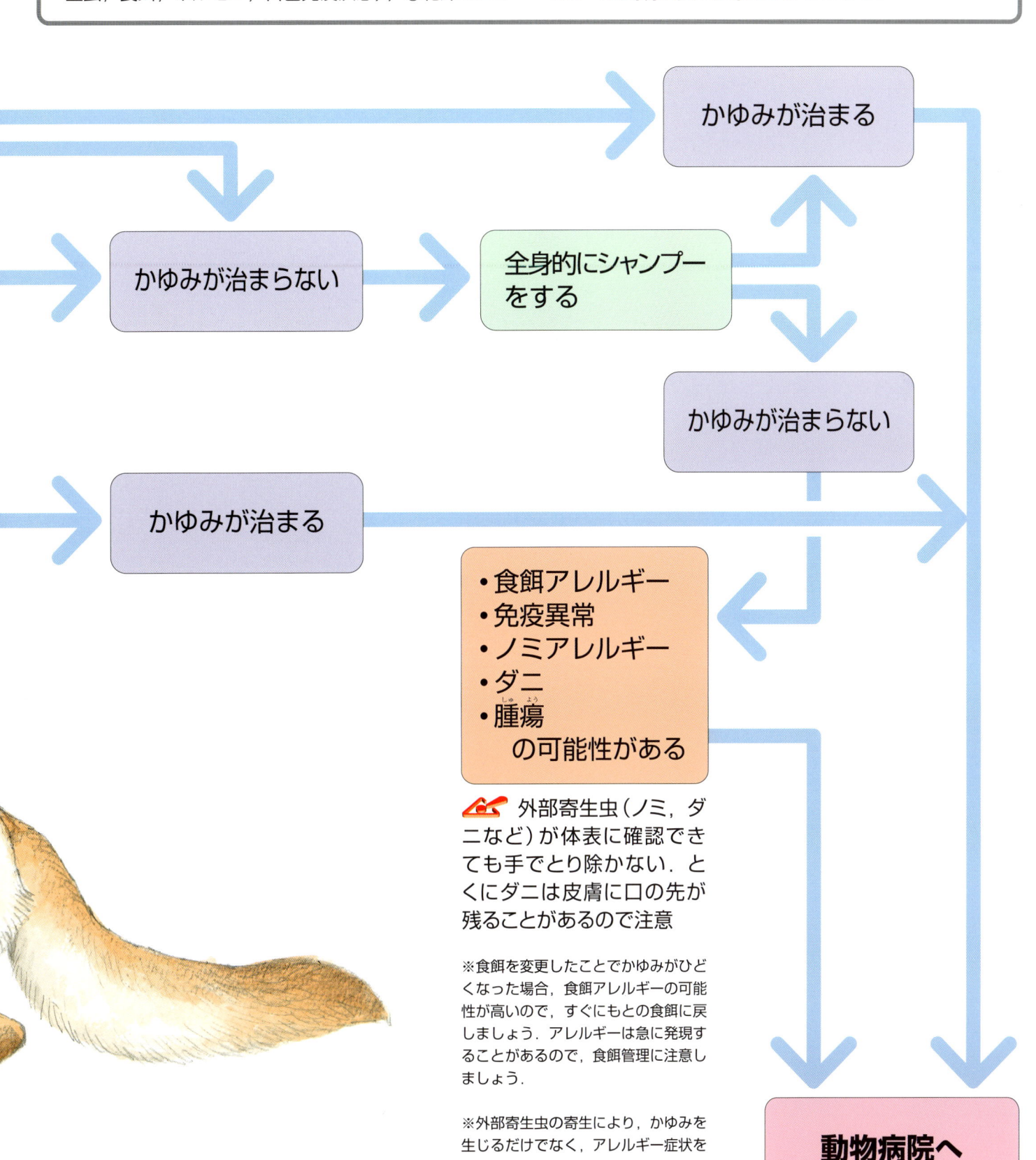

```
                                    → かゆみが治まる ──┐
                                   ↗                  │
→ かゆみが治まらない → 全身的にシャンプーをする        │
                                   ↘                  │
                                    → かゆみが治まらない│
→ かゆみが治まる ─────────────────────────────────────→ 動物病院へ

・食餌アレルギー
・免疫異常
・ノミアレルギー
・ダニ
・腫瘍
  の可能性がある
```

☛ 外部寄生虫（ノミ，ダニなど）が体表に確認できても手でとり除かない．とくにダニは皮膚に口の先が残ることがあるので注意

※食餌を変更したことでかゆみがひどくなった場合，食餌アレルギーの可能性が高いので，すぐにもとの食餌に戻しましょう．アレルギーは急に発現することがあるので，食餌管理に注意しましょう．

※外部寄生虫の寄生により，かゆみを生じるだけでなく，アレルギー症状を発現することもあるので，普段から予防を心がけましょう．

肛門嚢炎

肛門嚢とは，肛門のまわりの分泌腺のひとつで，においのする分泌物をためる一対の袋です．通常，排便時にまわりの筋肉に押されることにより，管を通って内容物（肛門嚢液）が排出されます．この管がなんらかの原因でつまったり，細菌感染したりすることにより，肛門嚢の病気が発生します．

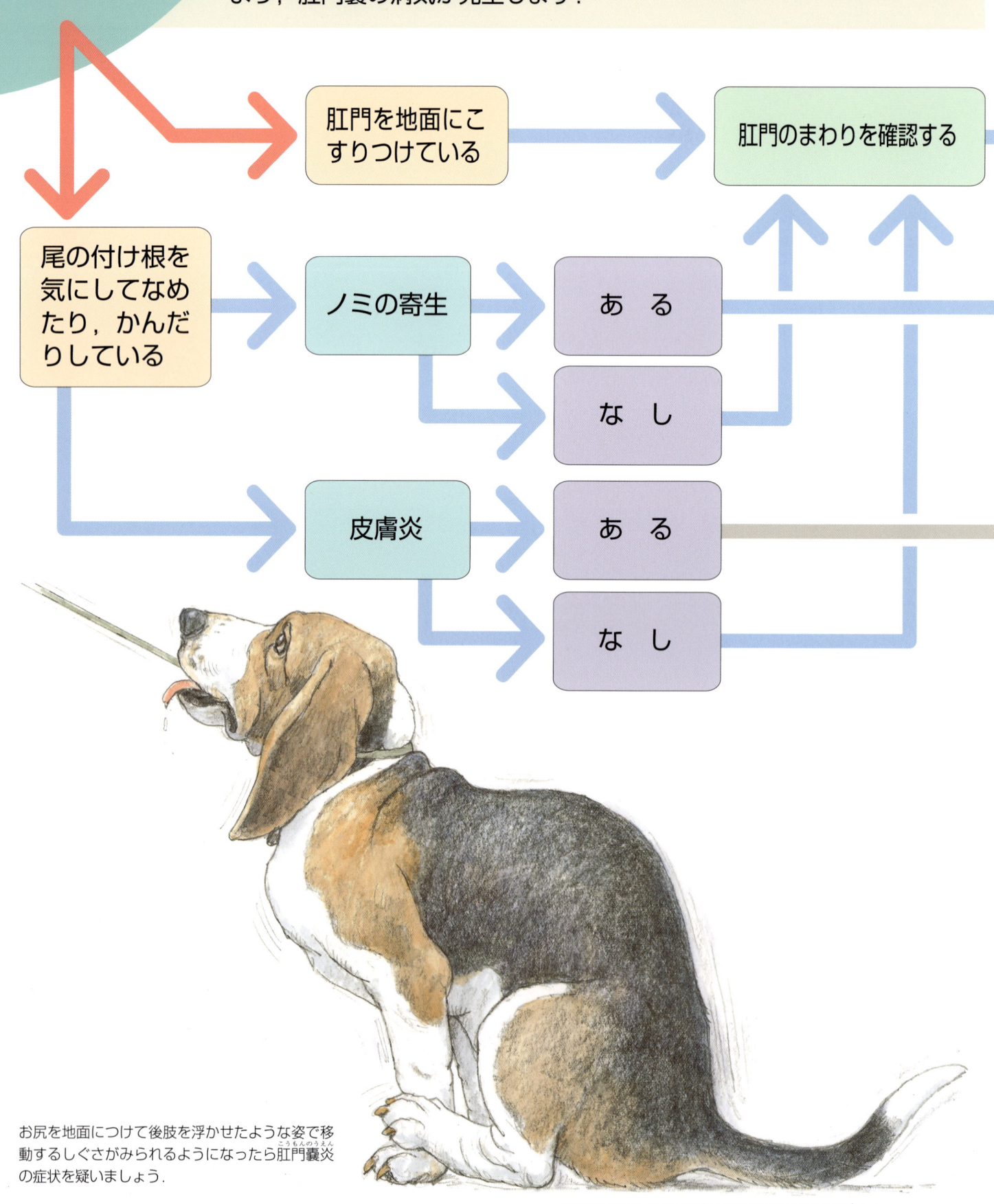

```
                    ┌─→ 肛門を地面にこすりつけている ──→ 肛門のまわりを確認する
                    │
                    │   ┌─→ ノミの寄生 ──→ ある
尾の付け根を気にしてなめたり，かんだりしている ──┤              └─→ なし
                        └─→ 皮膚炎 ────→ ある
                                     └─→ なし
```

お尻を地面につけて後肢を浮かせたような姿で移動するしぐさがみられるようになったら肛門嚢炎の症状を疑いましょう．

肛門嚢炎が進むと，分泌物を外に出すための管が腫れたり，肛門嚢膿瘍ができたりすることによって，分泌物が肛門嚢内にたまり，肛門嚢が破裂してしまうことがあります．治療してよくなったとしても，同じ症状をくり返す場合には肛門嚢を切除する必要があります．そのようにならないためには，日頃から肛門嚢を圧迫して肛門嚢液を定期的に絞り出しておくことが必要です．思いあたる症状がみられたら，動物病院へ連れて行きましょう．

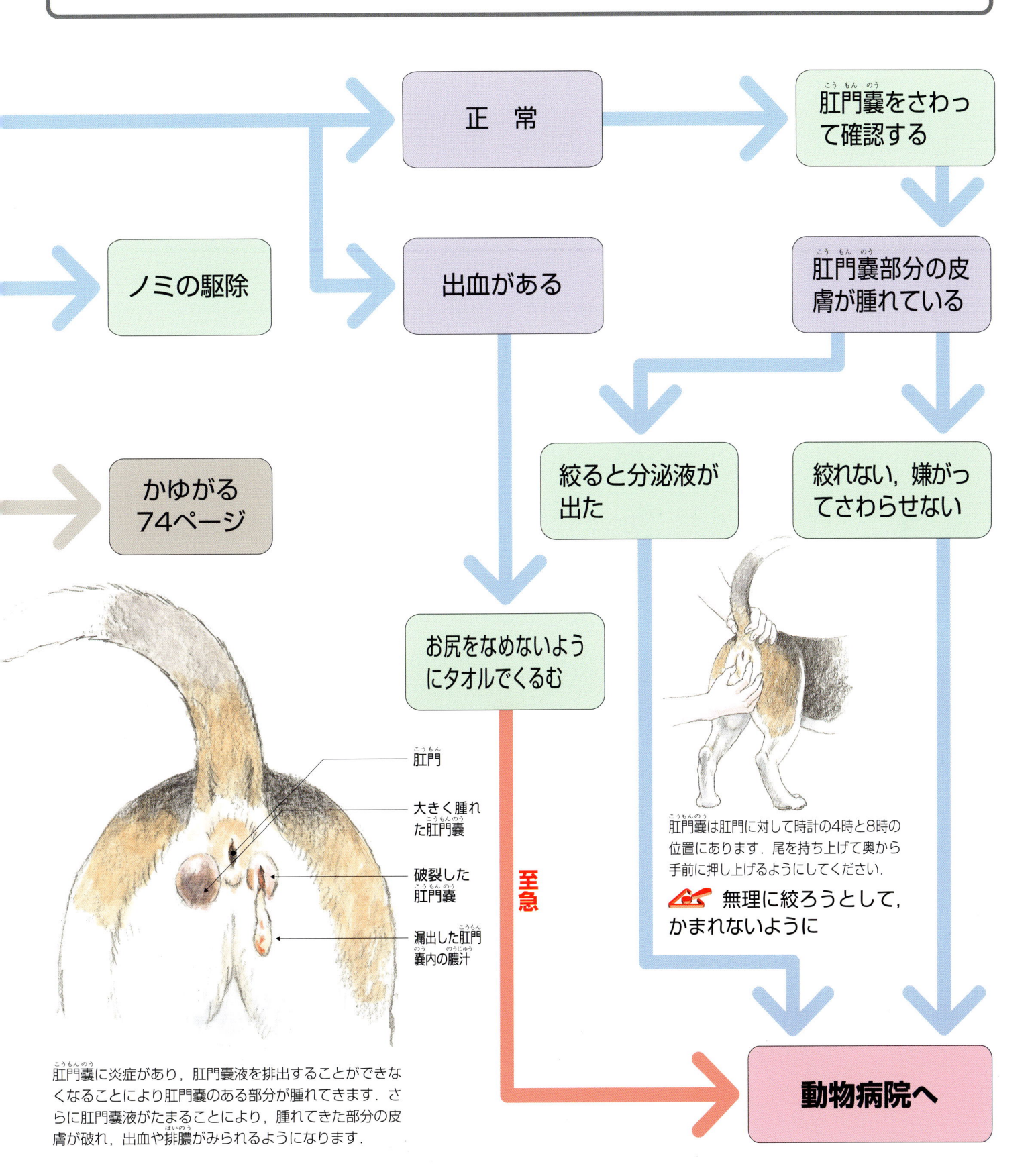

```
→ 正常 → 肛門嚢をさわって確認する
                      ↓
→ ノミの駆除  → 出血がある  肛門嚢部分の皮膚が腫れている
                      ↓        ↓
→ かゆがる         絞ると分泌液が出た   絞れない，嫌がってさわらせない
  74ページ              ↓
                 お尻をなめないようにタオルでくるむ
                      ↓ 至急
                             → 動物病院へ
```

【図説明】
- 肛門
- 大きく腫れた肛門嚢
- 破裂した肛門嚢
- 漏出した肛門嚢内の膿汁

肛門嚢に炎症があり，肛門嚢液を排出することができなくなることにより肛門嚢のある部分が腫れてきます．さらに肛門嚢液がたまることにより，腫れてきた部分の皮膚が破れ，出血や排膿がみられるようになります．

肛門嚢は肛門に対して時計の4時と8時の位置にあります．尾を持ち上げて奥から手前に押し上げるようにしてください．

⚠ 無理に絞ろうとして，かまれないように

肛門嚢炎

▶内臓の異常

食道内の異物

食べ物や，おもちゃなどの不規則なかたちをしたものが食道内でつかえたり（閉塞），とがった物体が刺さって（穿孔）しまうことがあります．これにより嘔吐や呼吸困難，嚥下困難などのさまざまな症状がひきおこされます．

→ 呼吸が苦しそう（口を足でかくしぐさをする，呼吸とともに変な音がする）

→ 慢性的な嘔吐
食欲はあるが飲み込めず吐く
食欲低下
よだれをだらだら垂らす

→ 吐く　39ページ

→ 物を飲み込んでしまった（フライドチキン，肉片，おもちゃ，使用済コンドーム，ヘアピン，トウモロコシの芯など）

▶食道内異物のX線写真

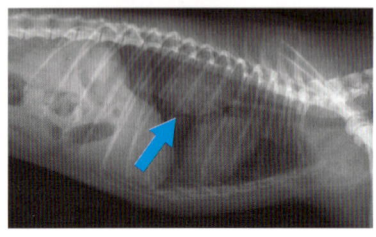

肉片（←印）が食道内につまってしまった．

吐きたそうにしているけれど吐けなかったり，呼吸が苦しそうであったり，よだれを垂らすなどの症状がみられます．

→ 足を持って逆さにつるして異物をとり出す

→ 異物が出てきた

→ 口を開いて異物をとり出す

☞ 手の届く範囲であれば除去を試みてもよいが，無理にひっぱったり，飲み込ませようとしない

異物を持って

→ 異物が出てこない

食道は食べた物を咽頭から胃まで送り込む働きをしています．若齢犬は見境なくさまざまなものを飲み込んでしまうため，食道内に異物がつかえたり刺さったりすることがあります．また小型犬も大型犬に比べるとその傾向があるようです．かまないで飲み込めてしまう大きい食べ物や，口に入りきる大きさのおもちゃなどには注意が必要です．また，鶏の骨，魚の骨，焼き鳥の串，釣り糸などを誤って飲み込んでしまった場合は，食道の壁を破ってしまったり，傷つけてしまうことがあります．これらの鋭利なものを吐かせて出すにはかなり危険を伴うため（食道穿孔や食道裂傷），安全にこれらの異物をとり除くには，動物病院での内視鏡による摘出が必要になります．

首を曲げないで抱える

POINT▶呼吸が苦しくならないような姿勢を保つ

背中を叩いたりしない．叩いてもほとんどの場合は出ないので逆効果

至急

動物病院へ

食道内の異物

胃拡張・捻転症候群

胃拡張・捻転症候群は，突然，胃がねじれてガスがたまり，その後，ショック症状に陥り死亡してしまう恐ろしい病気です．しかし，飼い主の知識と日頃からの注意によって，早期発見することで助かる場合もあるので，よく観察をしておきましょう．発症してしまった場合は的確な対応が必要となります．

→ お腹が膨らみ苦しそう

→ 何度も吐きたそうにしているが，吐物はないか，または少量
　👎 長い時間，様子をみない

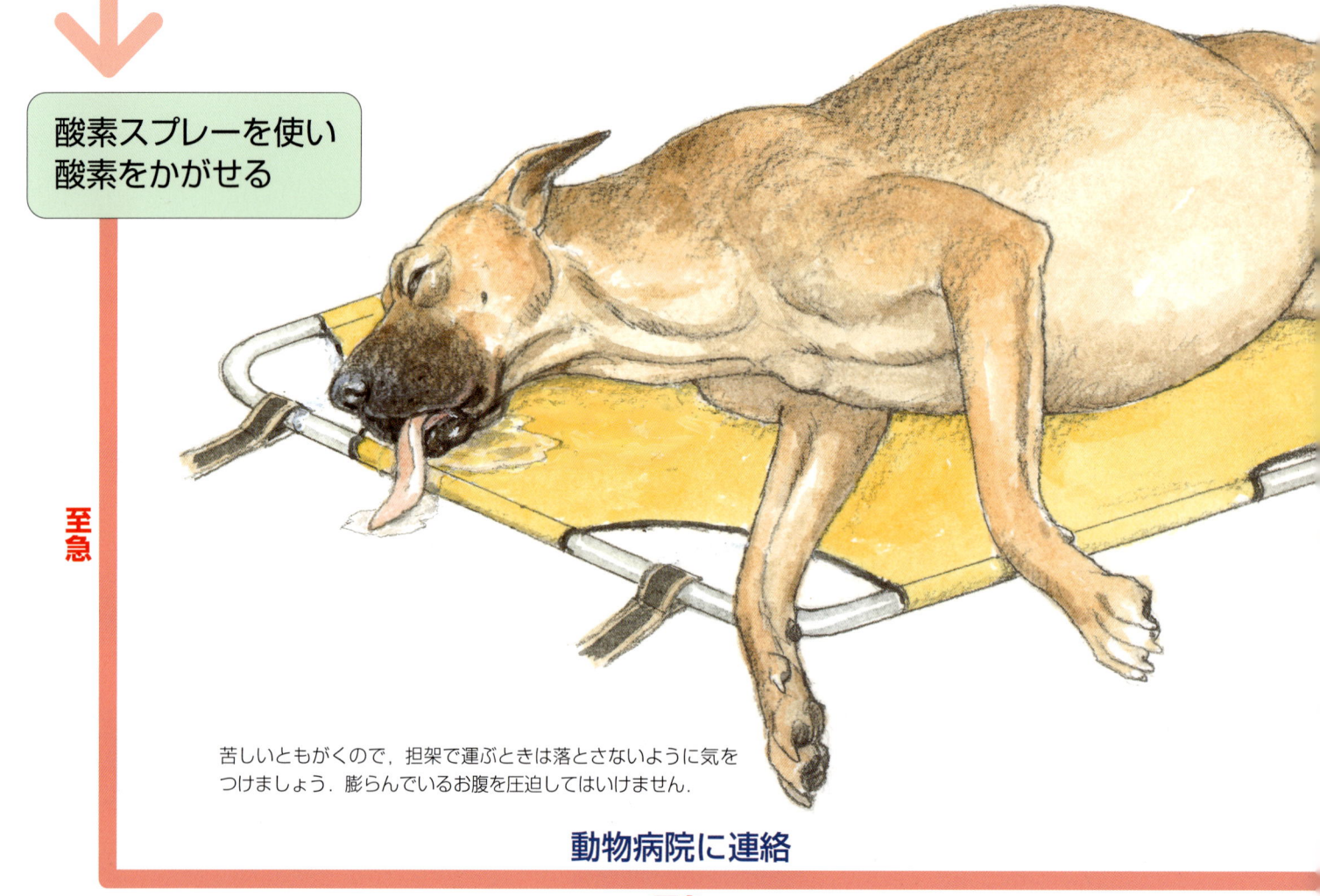

→ 横たわってしまい立てない
　👎 無理に立たせてはいけない

← 舌が紫色になる

↓ 酸素スプレーを使い酸素をかがせる

至急

苦しいともがくので，担架で運ぶときは落とさないように気をつけましょう．膨らんでいるお腹を圧迫してはいけません．

動物病院に連絡

至急

胃拡張・捻転症候群の原因は明確に解明されていませんが，胸腔（肺・心臓などが収まっている胸部にある体腔）の深い大型犬の犬種におこることが多く（ごくまれにその他の犬種あり），あらゆる年齢で発症し，一般に食後4時間以内に症状が出る場合が多くみられます．この疾患は死亡率が15〜68％といわれていますが，早期発見により一命をとりとめた症例でも，術後，不整脈などの二次的疾患により命を失う場合が少なくありません．そのため，この病気においてなによりも大切なことは飼い主の知識と注意深さです．できるだけ日頃から胃拡張・捻転症候群にならないよう予防（下記）を心がけましょう．

動物病院に連絡 至急

動物病院に連絡 → **木の板または担架にのせる** 至急

▶胃拡張・捻転症候群のX線写真

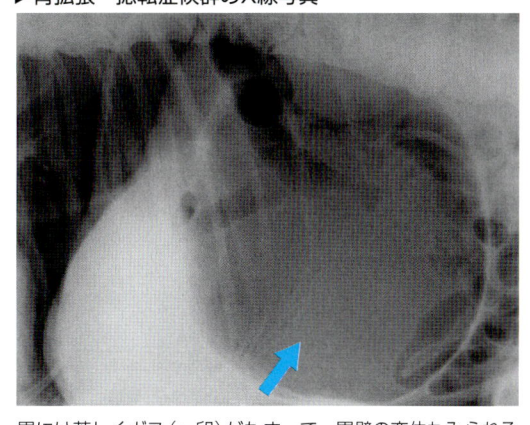

胃には著しくガス（←印）がたまって，胃壁の変位もみられる．

【予防】
胃拡張・捻転症候群は，日頃の予防が大切です．
①飲水と食餌のあとに激しい運動や散歩をさせない．
②散歩のあとに食餌を与える．
③ガスのたまるもの（発酵食，イモ類）は避ける．
④過度のストレスをかけない（例：狭いゲージなどに長時間入れない）．
⑤無理に吐かせたりしない．
⑥お腹をもみすぎない．
⑦食べ方が下手な子犬は飲み込むとき空気をいっしょに飲み込んでしまうので，食餌の回数を分けたり，ドッグフードをやわらかくしたりと工夫をする．

至急 → **動物病院へ**

気道内の異物

食べたものや，かんでいたものが気管の入り口でひっかかったり，さらには気管のなかに入ることがあります．急に咳をしだしたり，口を足でかきむしったり，舌が紫色になったりしたら，気道内に異物が入った可能性があります．適切な処置により異物をとり除かないと，意識がなくなり，呼吸停止から心停止，死亡することもあります．

```
気道内の異物
 ├─→ 異物がみえない ─→ 意識がある 呼吸している
 │                 ├─→ 咳をしている
 │                 ├─→ 呼吸困難／意識低下／舌が紫色 ─→ 小型犬，中型犬：逆さにつり上げて異物を出す
 │                 └─→ 意識がない／呼吸をしていない／脈拍がない ─→ ショックをみきわめる 42ページ
 └─→ 異物がみえる ─→ 口を開いて異物をとり出す（かまれないように）
                   異物を持って
```

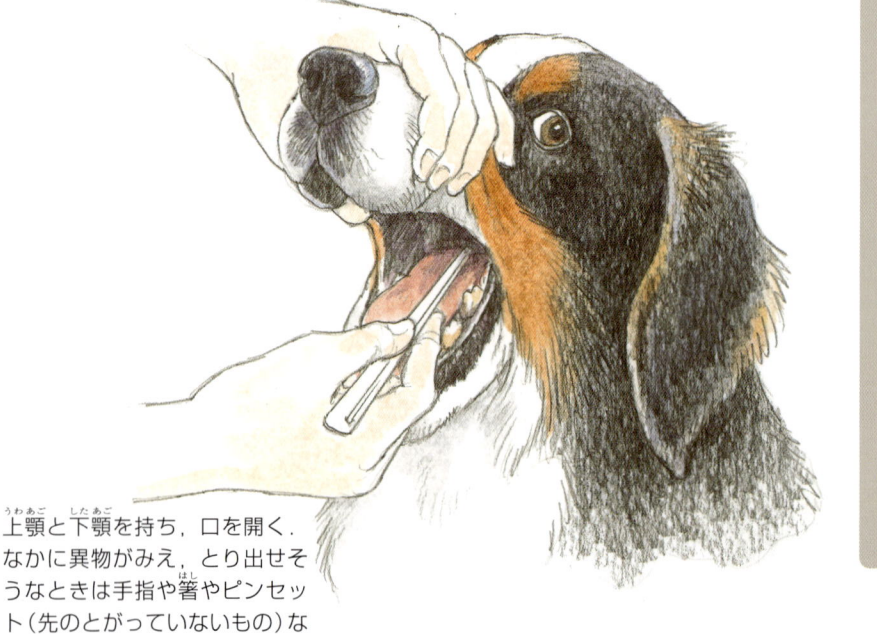

上顎と下顎を持ち，口を開く．なかに異物がみえ，とり出せそうなときは手指や箸やピンセット（先のとがっていないもの）などを使ってとり出します．

持ち上げることができれば，後肢を両手で握り，逆さづりにして上下に強く振ったり，背中を叩いてみます．ただし，背中を叩くときは平手でやや強めに叩きます．

異物がみえるときは，異物を箸，ピンセット，鉗子などでとり出してください．異物がみえないけれど呼吸をしている場合は，まず咳により自力で吐き出せるか様子をみて，吐き出せなければなるべく急いで動物病院へ運びましょう．呼吸困難になったり，呼吸が停止している場合は，小型犬・中型犬は逆さにつり上げて異物を出すことを試みてください．大型犬は台の上にうつぶせにして頭を下げ，胸を強く圧迫して息を吐かせることで異物が出るかを試みてください．それでも異物が出ないときは，人工呼吸をしながら，なるべく早く動物病院へ運びましょう．

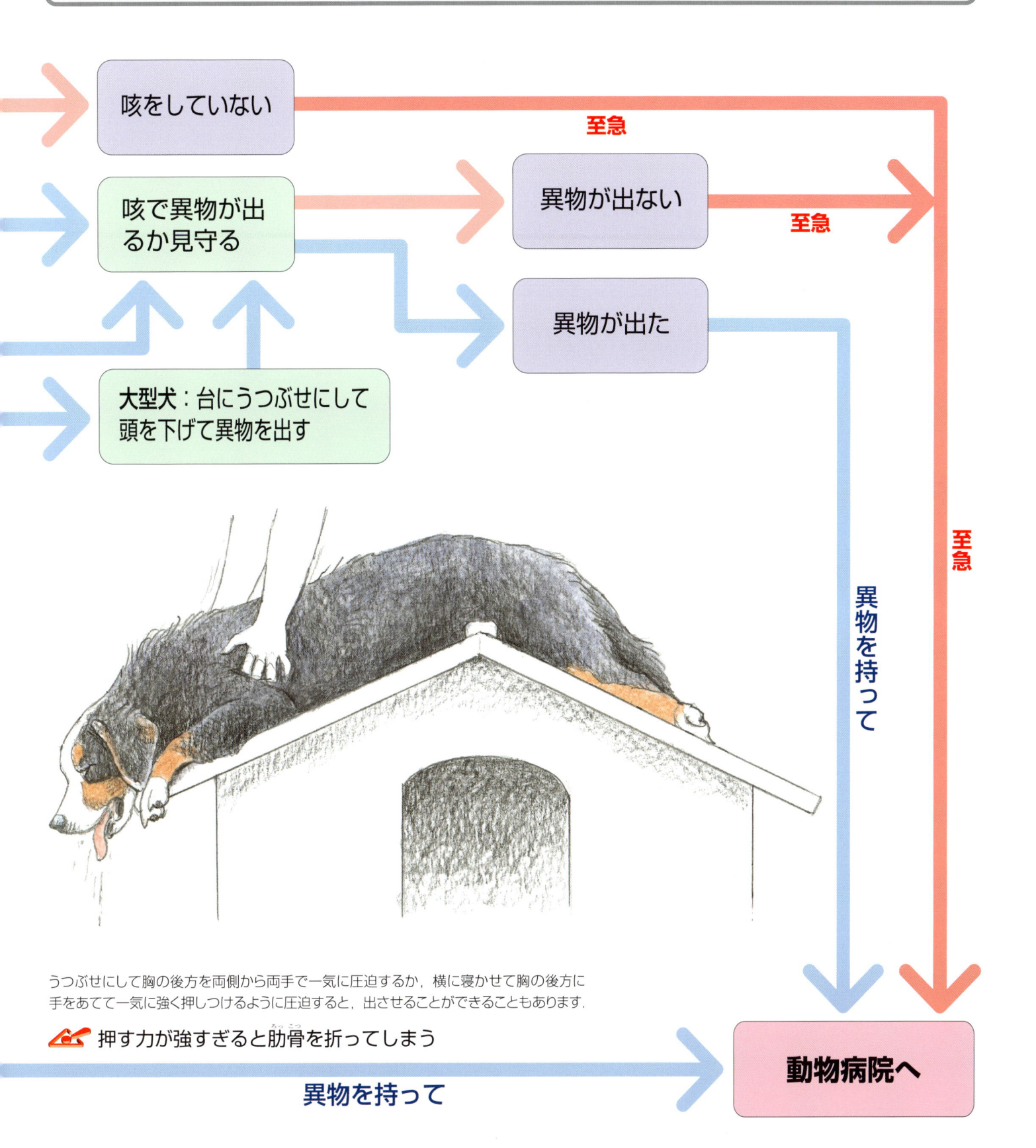

- 咳をしていない → **至急** → 異物が出ない → **至急** → 動物病院へ
- 咳で異物が出るか見守る → 異物が出ない → **至急**
- 咳で異物が出るか見守る → 異物が出た → 異物を持って → 動物病院へ
- 大型犬：台にうつぶせにして頭を下げて異物を出す → 咳で異物が出るか見守る

うつぶせにして胸の後方を両側から両手で一気に圧迫するか，横に寝かせて胸の後方に手をあてて一気に強く押しつけるように圧迫すると，出させることができることもあります．

👉 押す力が強すぎると肋骨を折ってしまう

→ 異物を持って → 動物病院へ

気道内の異物

呼吸困難

正常に楽に呼吸ができず，意識的に強く努力して呼吸をしている状態を呼吸困難といいます．重度の呼吸困難は，生命の危機に直結することも多いので，迅速かつ正しい対処が必要となります．まずは冷静に気道の確保を行いましょう．気道は鼻と口から肺に届くまでの空気の通り道です．首をまっすぐにし，閉塞物（異物，吐物，血液，粘液など）がないかを確認します．

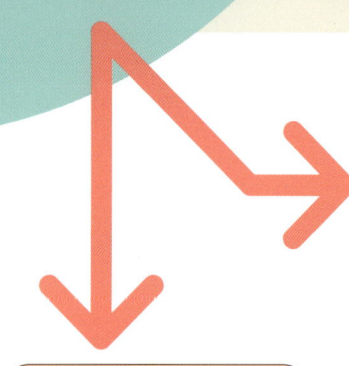

呼吸困難の状態は
①歯肉や舌の色が蒼白〜紫色（正常はピンク色）なら重症度が高い
②息を吸うときに腹部がへこむ
③胸が大きく動いている
④犬座姿勢で前肢の間を広くとり，顎を突き出したような姿勢をとる

- 気道に閉塞物がない
- 気道に閉塞物がある

心臓病の持病がある

→ 心臓病で注意すべき症状【呼吸困難】99ページ

可視粘膜（歯肉や舌などの色）がピンク色ではなく，蒼白〜紫色になります．体全体を見渡すと，空気を吸うときに肋骨の腹部側が頭側へ向けてへこみます（吸気障害の場合）．また，呼びかけに応答しません．

呼吸が苦しいと，喉をまっすぐに伸ばし，前肢を大きく広げて胸を開くような姿勢（犬座姿勢）になります．大きく胸が動く努力呼吸をします．さらに重度になると，左のイラストのように横向きに寝て，呼びかけに反応しなくなってきます．

呼吸困難の原因には，気道疾患，肺疾患，心疾患＊，神経疾患，そして高体温などがあります．それぞれのカテゴリーには代表的な疾患があります．気道疾患は短頭種（パグ，フレンチ・ブルドック，シー・ズーなど）に多く，軟口蓋過長症や気管虚脱などがあります．喉頭麻痺は気管のふたの神経異常で，吸気時に喉頭蓋がうまく開かなくなります．心臓と肺の疾患では，キャバリア・キング・チャールズ・スパニエルやマルチーズなどの小型犬に僧帽弁閉鎖不全症（100ページ）の末期症状である肺水腫（101ページ）がよくみられ，注意が必要です．高体温は熱中症で発症する典型的な症状です．

＊先天性心疾患がある場合は酸素スプレーを常備しておきましょう．

気道を確保し，楽に呼吸ができる姿勢にする

閉塞物をとり除いたら，首をまっすぐ伸ばすような横向きの姿勢に寝かせ，ガーゼなどで舌をひいて呼吸しやすい状態（気道の確保）にしましょう．なお，呼吸状態は横向きの姿勢が右下または左下によって変わることがあるので，楽に呼吸ができるほうを選んで搬送しましょう．

☞ 姿勢によっては呼吸困難の度合いがかわることがある

POINT▶涼しいところで落ち着かせる

閉塞物をとり除く

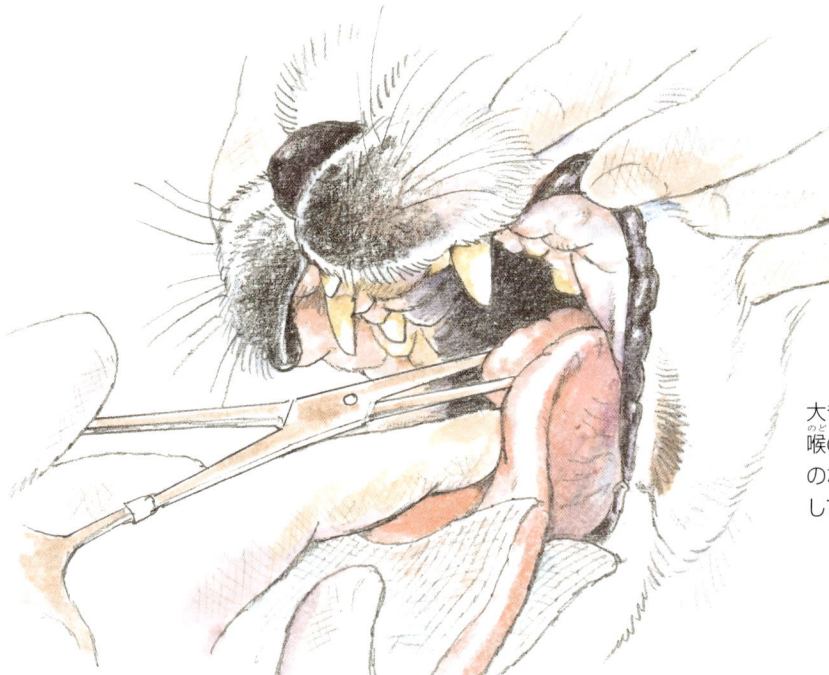

大きく口を開き，ガーゼなどで舌をひき出します．喉の奥の閉塞物を鉗子などで迅速にとり除き，口のなかに残っている粘液もとり除きましょう．そしてスムーズに息が吸えることを確認しましょう．

閉塞物を持って

動物病院へ

呼吸困難

咳

気道内の障害物をとり除こうとする防御反応を咳といいますが、気道内側面への刺激や障害によっても咳は出ます。咳にはさまざまな原因があり、気管支炎や肺炎、心臓病、フィラリア症、パラインフルエンザ、異物、首輪による圧迫、アレルギー、大気汚染、外傷、腫瘍、気管虚脱、トキソプラズマ症などがあげられます。

```
                    ┌─ 心臓病の持病がある ──→ 心臓病で注意すべき症状【咳】98ページ
                    │
                    ├─ 成犬,老犬 ──────────────→ 乾いた咳をする
                    │       │
                    │       ├─ 突然,咳をはじめる
                    │       ├─ ゼーゼーして呼吸が速くなる
                    │       └─ 湿った咳をする
                    │
                    └─ 子犬
                         │
                         ├─ 乾いた咳をする
                         │    → ケンネルコフ(犬パラインフルエンザ),ジステンパー,トキソプラズマ症などの気道の感染症が疑われる 【至急】
                         │
                         └─ 湿った咳をする／元気がない／舌の色が悪い
                              → 先天性の心臓や血管の病気,重度の肺炎などが疑われる 【至急】
```

分岐の詳細

- **食事中または何かをかんでいた** → 食べ物やかんでいたものを吸い込むなど異物が気道に入った可能性が高い → 気道内の異物 82ページ

- **血を吐く** → 交通事故あるいは何かが胸に刺さるなどの外傷の可能性がある 【至急】

- **ゼーゼーして呼吸が速くなる** 【至急】 → 部屋の空気の入れ替え 空気のきれいな場所に移動 → アレルギー疾患,喘息がある 【至急】

  POINT▶ アレルギーの原因を除去

- **湿った咳をする** → 心臓病,重度の肺水腫,ガスの吸入,ショックなどが疑われる(重症のときは舌が紫色,口や鼻からピンク色の泡状のものが出る) 【至急】

▶肺腫瘍のX線像

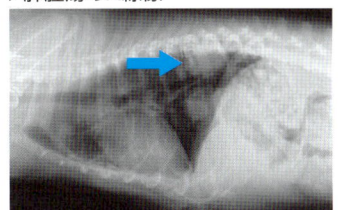

肺に腫瘍（←印）ができ，スポット状の影として映る．

▶胸水のX線像

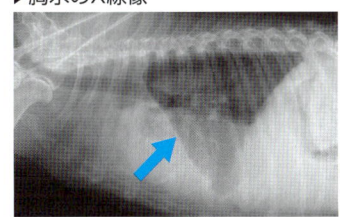

胸に液体がたまることで肺（←印）が膨らむことができなくなる．

▶肺炎のX線像

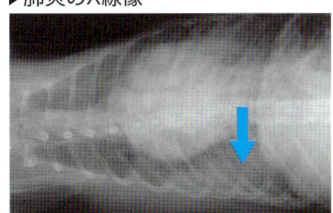

肺が細菌感染により炎症（←印）をおこし，肺全体が白く映っている．

▶気管支炎

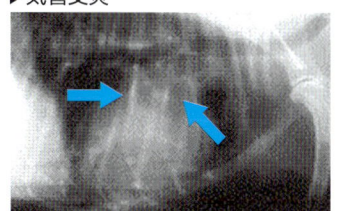

気管支が炎症（←印）をおこしている．

発　熱

咽喉頭炎，気管支炎，または肺炎が疑われる（発熱のほか食欲も減退する）

ガーガーというガチョウの鳴き声のような音がする

気管虚脱（気管がつぶれて息が吸えなくなる）の場合もある

安静にする
（暑ければ室温を下げる）

血を吐く

重度のフィラリア症，肺腫瘍が疑われる

至急

動物病院へ

窒息

窒息とは，気道がふさがって呼吸ができない状態や呼吸運動をしても空気が吸入できない緊急状態をいいます．原因としては，何かが気道をふさいでしまう場合や呼吸運動をしても肺が陰圧にならず空気が吸えない場合，肺のなかが体液で満たされてしまった場合などがあります．緊急に対処する必要があります．

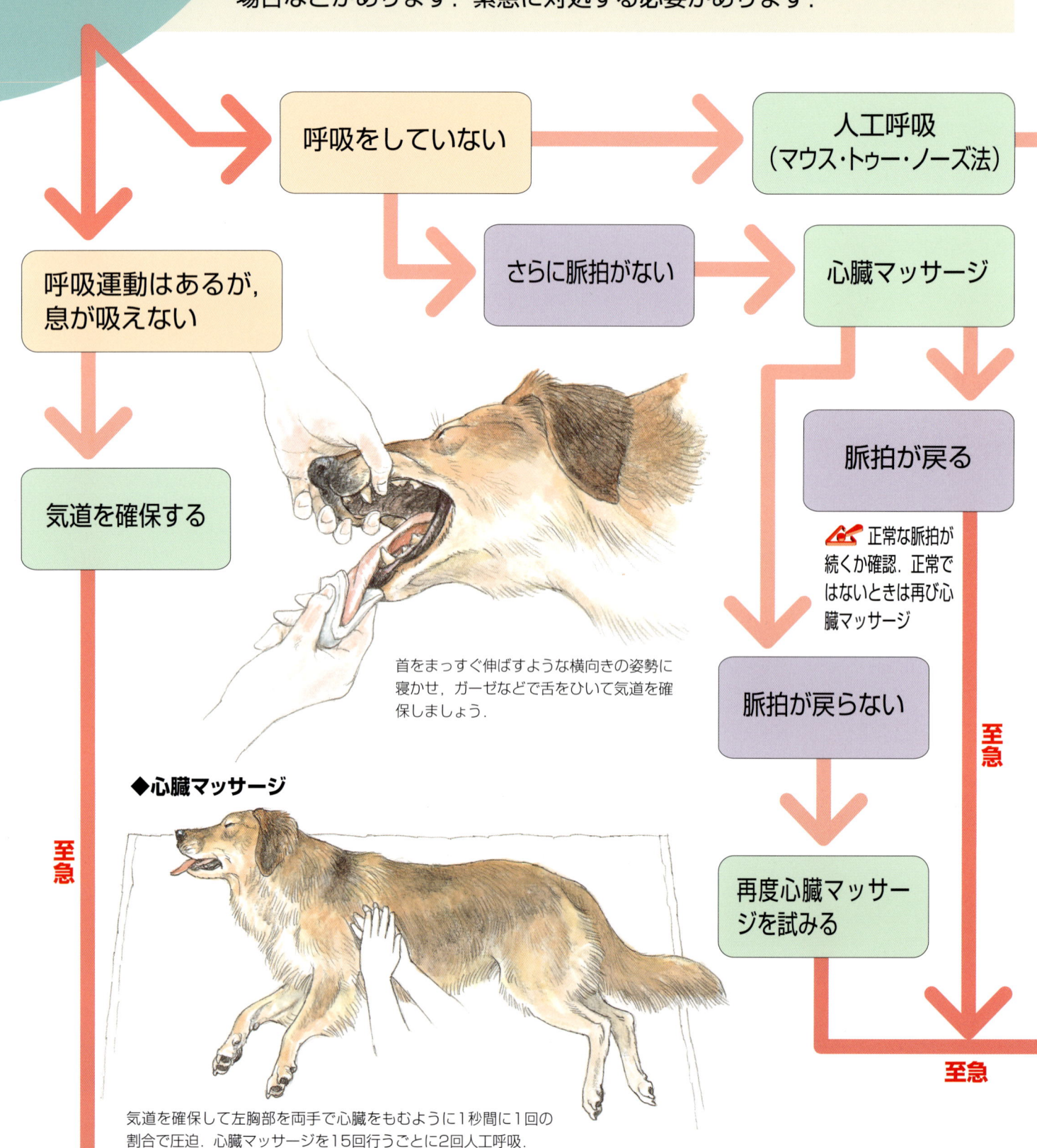

```
                    → 呼吸をしていない ────────→ 人工呼吸
                            │                  （マウス・トゥー・ノーズ法）
                            ↓                       │
                      さらに脈拍がない ─────────→ 心臓マッサージ
  呼吸運動はあるが，                                  │
  息が吸えない                                       ↓
      │                                         脈拍が戻る
      ↓                                              │
  気道を確保する                              👉 正常な脈拍が
                                              続くか確認．正常で
                                              はないときは再び心
                                              臓マッサージ
                                                     │
                                                     ↓
                                                脈拍が戻らない
                                                     │
                                                     ↓
                                              再度心臓マッサージ
                                              を試みる
```

首をまっすぐ伸ばすような横向きの姿勢に寝かせ，ガーゼなどで舌をひいて気道を確保しましょう．

◆心臓マッサージ

気道を確保して左胸部を両手で心臓をもむように1秒間に1回の割合で圧迫．心臓マッサージを15回行うごとに2回人工呼吸．

至急

窒息の原因がわかっている場合は，まずその原因をとり除いてください．原因をとり除けない場合，またはとり除いても呼吸をしていない場合は気道を確保し，すみやかに人工呼吸をしましょう．犬の場合は，口を手のひらで包むように押さえて，空気が漏れないように鼻の穴から空気を送り込むマウス・トゥー・ノーズ法を行うのが比較的簡単な方法です．また，心臓も停止している場合は，心臓マッサージを同時に行う必要があります．それでも呼吸が回復しない場合は，人工呼吸や心臓マッサージを続けながら，なるべく早く動物病院へ搬送しましょう．

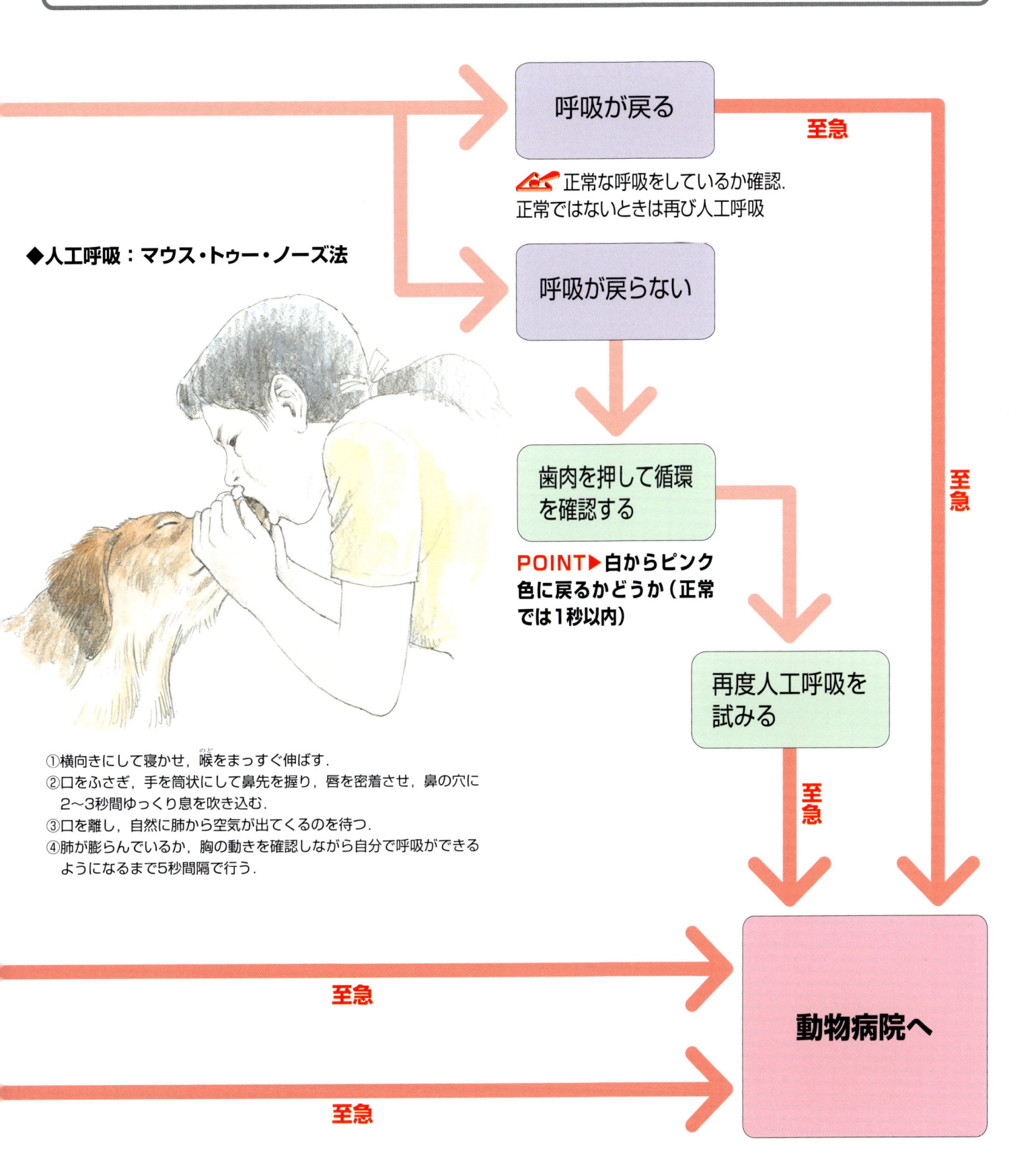

◆人工呼吸：マウス・トゥー・ノーズ法

① 横向きにして寝かせ，喉をまっすぐ伸ばす．
② 口をふさぎ，手を筒状にして鼻先を握り，唇を密着させ，鼻の穴に2～3秒間ゆっくり息を吹き込む．
③ 口を離し，自然に肺から空気が出てくるのを待つ．
④ 肺が膨らんでいるか，胸の動きを確認しながら自分で呼吸ができるようになるまで5秒間隔で行う．

呼吸が戻る

正常な呼吸をしているか確認．正常ではないときは再び人工呼吸

呼吸が戻らない

歯肉を押して循環を確認する

POINT▶ 白からピンク色に戻るかどうか（正常では1秒以内）

再度人工呼吸を試みる

至急

動物病院へ

肺水腫

肺水腫とは，肺の毛細血管壁から体液が漏れ出し，肺の各部位や気管支にたまった状態のことです．咳や呼吸困難，運動不耐性（動きたがらず，ぐったりしている状態），泡状（ときに血様）の鼻汁などの症状がみられます．症状の程度により命にかかわる場合も少なくないので，緊急な対応が必要となります．心臓が原因によるものが多く，高齢な犬や心臓に障害をもつ犬ではとくに注意が必要です．

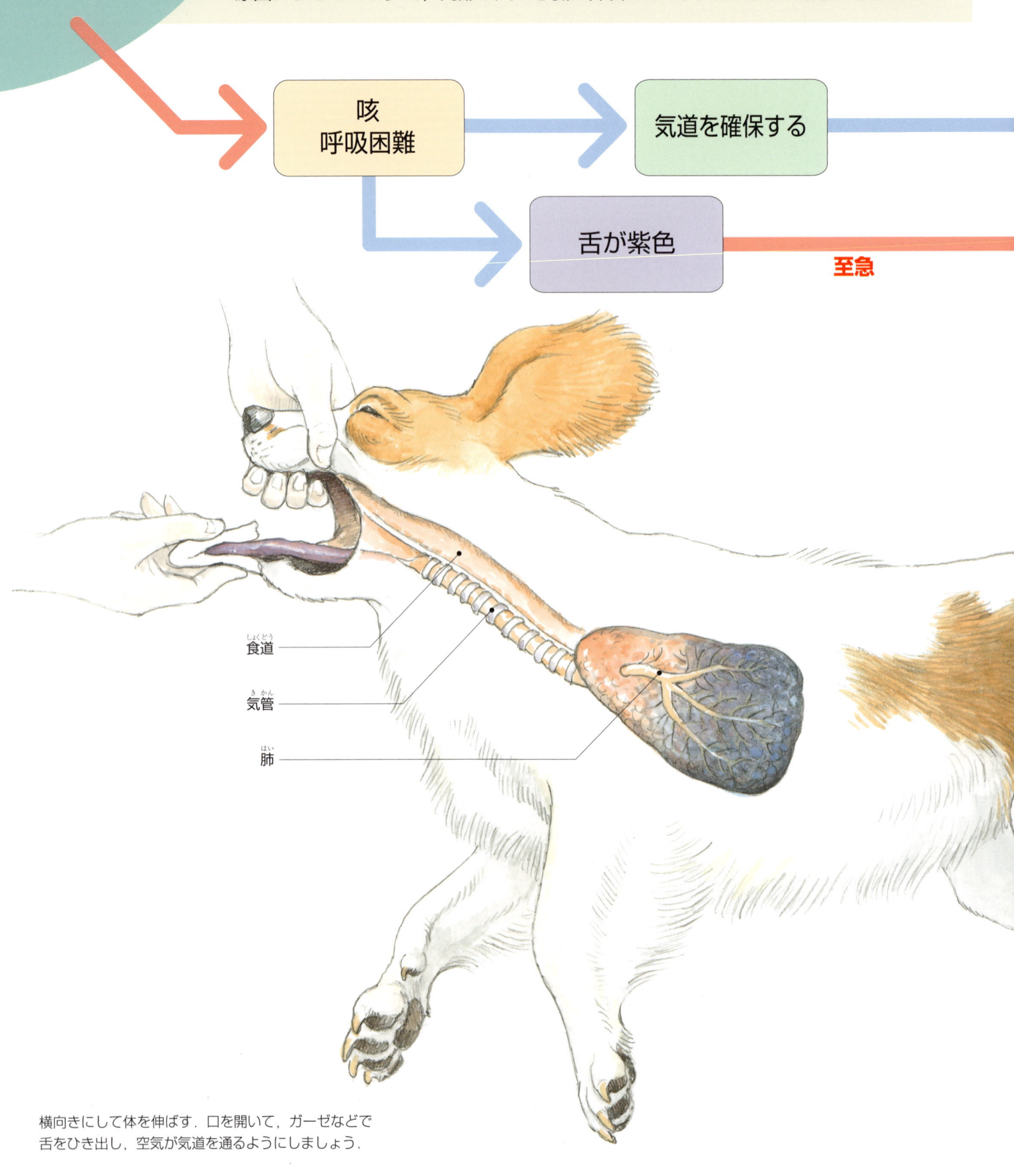

咳
呼吸困難 → 気道を確保する

→ 舌が紫色　　至急

食道
気管
肺

横向きにして体を伸ばす．口を開いて，ガーゼなどで舌をひき出し，空気が気道を通るようにしましょう．

90　応急手当の実際　内臓の異常

肺水腫はさまざまな疾患が関与しておこります．そのため治療法を限定することはできませんが，一般的に利尿薬の投与が有効とされています．また，症状が軽いほど治療効果が望めるので，普段から予防に努めることが大切です．心臓の病気が原因の場合は，薬を飲ませるなどの予防が可能です．老齢犬やキャバリア・キング・チャールズ・スパニエルなどの心臓疾患をおこしやすい犬種は，レントゲン検査や超音波検査などで心臓の機能を定期的に診断をするようにしましょう．頻繁に咳をする，または運動不耐性を示すなどの肺水腫の初期症状がみられたら，すぐに動物病院に連れて行き，診察を受けましょう．101ページも参照．

酸素スプレーで吸入する

▶肺水腫のX線像

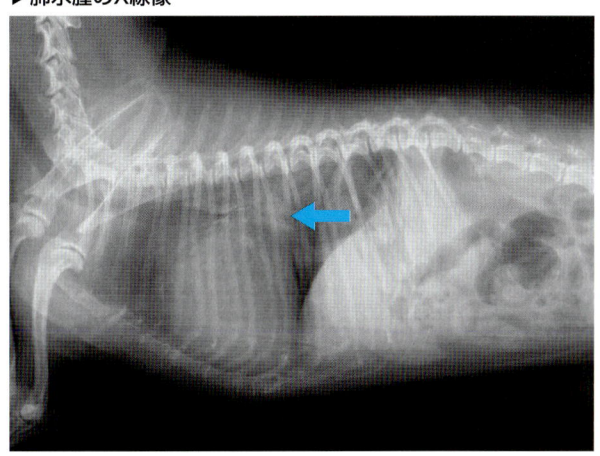

心臓病により血液の循環が悪くなり，肺の内部に体液（←印）がたまる．

至急

＜肺水腫をおこしやすい疾患＞
次のような病気がある犬は，肺水腫をおこしやすいので普段から注意しましょう．
- 心臓病（僧帽弁閉鎖不全症）
- 肝臓病（肝不全など）
- 腎不全（糸球体腎症）
- その他，病気以外の事故で急におこるもの
    コードをかむなどによる感電
    毒物の吸入（煙，酸素中毒）
    飢餓
    熱中症（熱射病，日射病）
    溺れたとき
    頭部外傷，痙攣など神経性のもの

動物病院へ

排尿困難

排尿しようとしても尿がポタポタとしか出てこなかったり，まったく出てこないなど，何回も排尿を試みるが尿が出ない状態を排尿困難といいます．便秘と間違えないようにしてください．さまざまな原因が考えられますが，尿が赤い（血尿，血色素尿）こともあり，多くの場合は痛みを伴います．完全に尿が出なくなってしまうとやがて尿毒症になり，嘔吐がくり返しおこったり，意識が混濁し，放置すると死亡してしまうことがあります．

→ 尿が出にくい，赤い　　　　　　　　　　　至急

▶雄犬の排尿姿勢

乏尿・無尿の疑いがある場合は，至急，動物病院へ連れて行きましょう．とくに無尿の場合は一刻の猶予も許されません

可能であれば，採取した尿を清潔な容器にとり，病院へ持参しましょう．尿を採取する方法としては，尿を広口の容器に受け，密閉可能な容器に移すとよいでしょう．ペットシートや布などに一度吸収されてしまったものは検査に適しません．採取した尿は密閉し，すぐに検査できるとき以外は冷蔵します．その場合でも6時間以内に検査をしないと正確な検査ができません．なるべく早く動物病院に連れて行きましょう．

通常の犬の1日の尿量は17〜45ml/kgです．目安として日量6.5ml/kg以下または1時間あたり1ml/kg以下を乏尿，日量2ml/kg以下を無尿，尿道の閉塞がおきて尿の排泄ができない場合を尿閉といいます．
いずれも二次的に元気や食欲がなく，嘔吐や下痢などの症状を示すようになります．

<乏尿・無尿をひきおこすおもな病気>
適切な検査をしないで症状だけでどの病気かの診断をすることはできません．
①尿路結石症：ストラバイト，シュウ酸カルシウムなどの結晶または結石が尿路に形成された状態．尿路を傷つけ，疼痛，出血を伴う．尿道の長い雄犬に多い．
②細菌性膀胱炎：多くは細菌が外部から尿道を通って侵入することによりおこる．排尿痛，出血を伴い，尿道の短い雌犬に多い．
③前立腺肥大症（雄犬）：膀胱の後方で尿道を囲んでいる前立腺が肥大し，尿が出にくくなる．直腸も同時に圧迫するので，排便困難になることが多い．

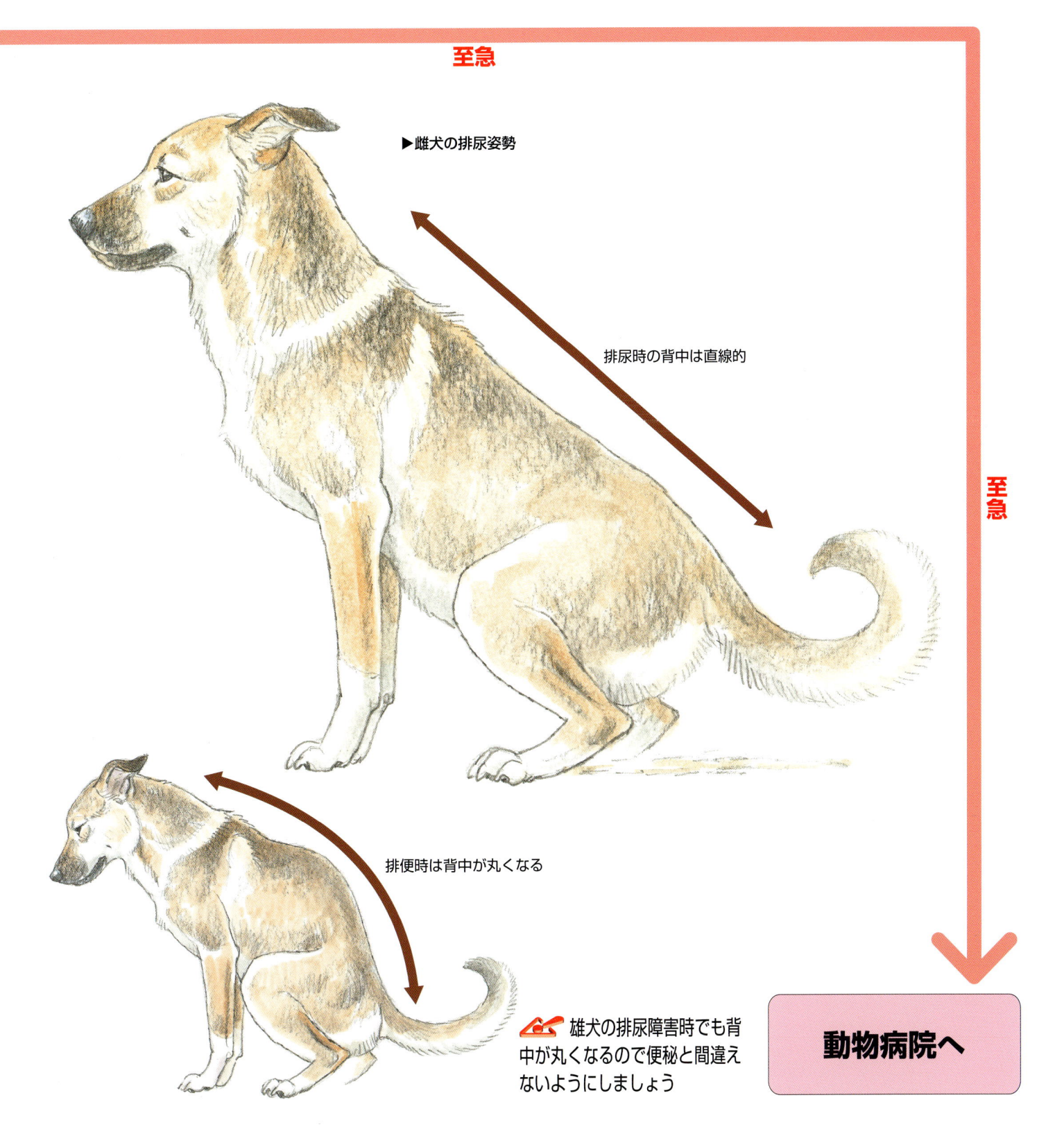

至急

▶雌犬の排尿姿勢

排尿時の背中は直線的

至急

排便時は背中が丸くなる

雄犬の排尿障害時でも背中が丸くなるので便秘と間違えないようにしましょう

動物病院へ

排尿困難

毒物摂取

毒物を摂取してしまったあとの処置の仕方は，意識の有無，何を摂取したのか，摂取してどれくらいの時間が経過しているのか，嘔吐(おうと)の有無などの症状や状況によって変わってきますので，あわてないで冷静に対処することが大切です．なお，応急手当をしたあと，回復しているようにみえても数時間後に症状が出てくることがありますので，必ず動物病院に連れて行きましょう．

```
                    ┌─→ 意識がある ─→ 吐いていない ─┐
                    │        │                      │
                    │        ↓                      ↓
                    │      吐いた         チョコレート，ネギ類，農薬，医薬品，タバコ，
                    │                     殺虫剤，塗料(水性)など
                    │                     (強い酸，強いアルカリ，石油製品以外を摂取)
                    ↓
                 意識がない                    ↓                    ↓
                                        摂取してから         摂取してから
                                        60分以内            60分以上
                                             │
                                             ↓
                                     3％過酸化水素水(オキシドール)を
                                     強制的に飲ませて吐かせる
```

至急 動物病院に概要を連絡

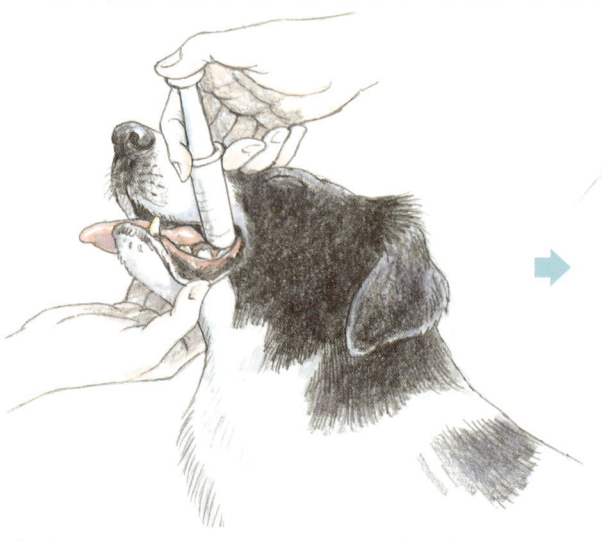

口のなかに残っている毒物はとり除き，流水で洗い流す(68ページ)．興奮している場合，かまれないように

体重10kgあたり10〜20mlが目安です．投与後20分以内に吐かなければ，もう一度与えます．それでも吐かないときはあきらめて動物病院へ連れて行きましょう．

投与したら口をふさぎ，飲み込むまで喉(のど)をやさしくなでましょう．

毒物を摂取した初期にすべきもっとも大切なことは，毒物の吸収をできるかぎり阻止することです．時間が経てば，それだけ吸収量も増えるので，家庭での処置に時間がかかるようであれば，無理して処置をせず，急いで動物病院へ連れて行きましょう．
また，摂取した毒物の種類がわかっていて，少量である場合は，嘔吐をさせるとかえって負担をかけてしまうので，獣医師に相談をして判断を仰ぎましょう．なお，毒物の摂取は救急疾患なので，動物病院へ連れて行くまえに概要を連絡し，毒物の一部や製品の容器・ラベルなど原因となるものを持って行くと治療がスムーズに行われます．

強い酸，強いアルカリを摂取
シャンプー，リンス，トイレ洗浄剤，洗剤，塩素系漂白剤，カビとり剤，パイプクリーナー など

⚠ 吐かせてしまうと化学薬品で食道がやけどをしてしまう

→ 牛乳か卵白を，なければ水を飲ませる（牛乳・水はコップ半分〜1杯程度，卵白は1個分）

至急 → 動物病院に概要を連絡

石油製品を摂取
ガソリン，燃料，溶剤，塗料（油性），マニキュア など

→ 水を飲ませる（コップ半分〜1杯程度）

⚠ 牛乳は吸収を早めるので飲ませない．吐かせてしまうと気管に入り重症の誤嚥性肺炎をおこすことがある

至急

何を摂取したかわからない

至急 → 動物病院に概要を連絡

動物病院へ

毒物摂取 95

薬物過敏症

薬物過敏症は発症のメカニズムから4つの型（Ⅰ,Ⅱ,Ⅲ,Ⅳ型）に分類されます．みて容易に判断できるのは即時型過敏症（Ⅰ型）と遅延型過敏症（Ⅳ型）です．Ⅰ型では注射後すぐ，または数分から24時間以内に呼吸困難，嘔吐，下痢などがみられます．Ⅳ型では注射部位や薬物を皮膚に塗った場合，2，3日でその部位が赤く腫れたりします．いずれの場合も時間的余裕はないので，急いで病院に行きましょう．

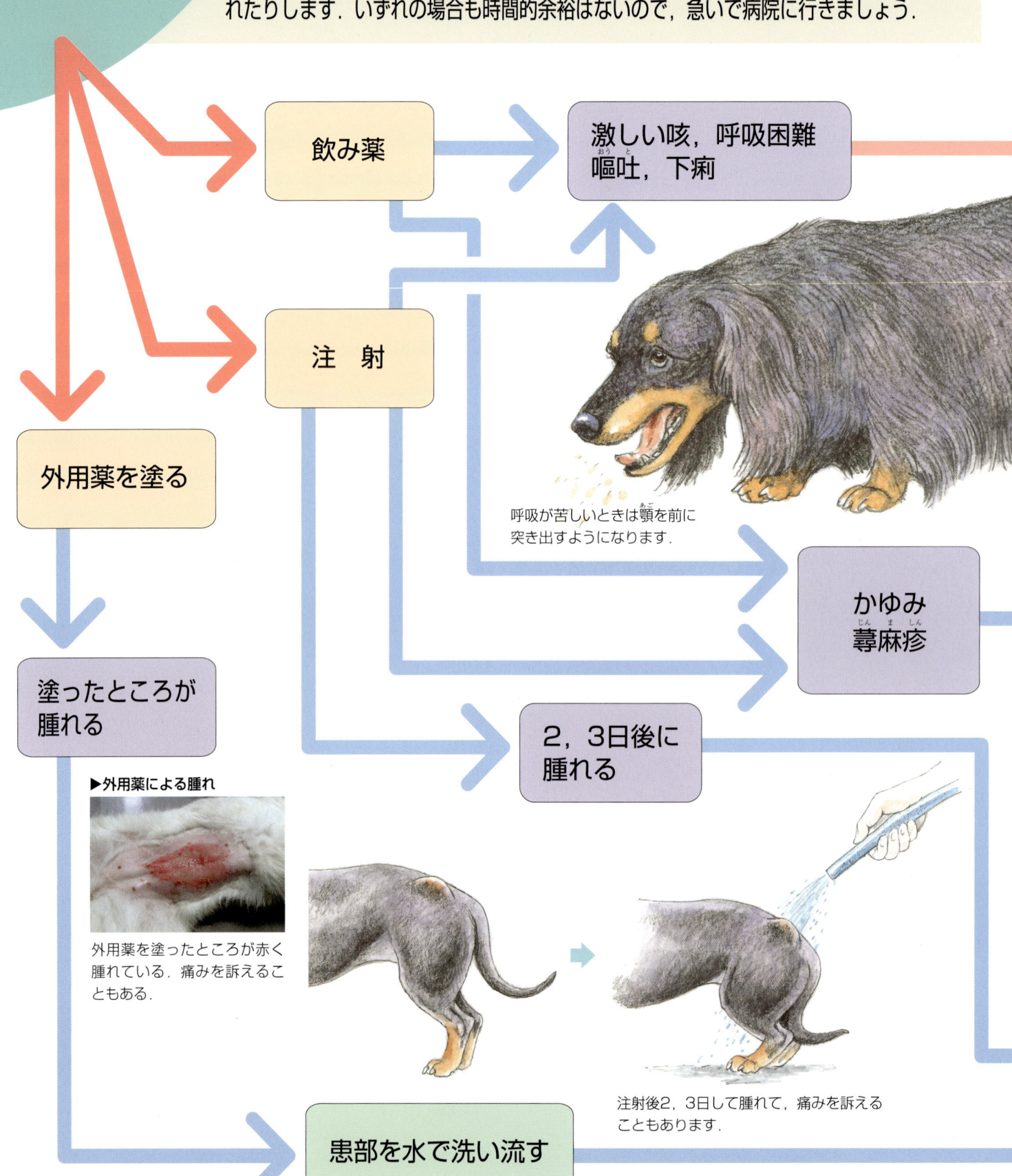

- 飲み薬 → 激しい咳，呼吸困難　嘔吐，下痢
- 注射
- 外用薬を塗る → 塗ったところが腫れる
- かゆみ　蕁麻疹
- 2，3日後に腫れる
- 患部を水で洗い流す

呼吸が苦しいときは顎を前に突き出すようになります．

▶外用薬による腫れ

外用薬を塗ったところが赤く腫れている．痛みを訴えることもある．

注射後2，3日して腫れて，痛みを訴えることもあります．

即時型過敏症（Ⅰ型）は薬物の量が少量でも致命的な結果を招くことがあります．したがって，少しでも様子がおかしいときは動物病院に連絡しましょう．外用薬により遅延型過敏症（Ⅳ型）がみられたときは，その薬を動物病院に持って行きましょう．ノミやダニの予防や治療，またフィラリアの予防に用いられる滴下剤は遅延型過敏症（Ⅳ型）をおこすことがあります．
そのほかⅡ型やⅢ型の過敏症もありますが，一般に症状だけで判断するのはむずかしいので，薬の服用中（後）に異常が認められたときはすぐに動物病院に連れて行きましょう．

→ ショックの兆候がみられる → ショックをみきわめる 42ページ

飲み薬を与えたあと，犬が横になったまま，呼吸困難などの症状が現れたときには，すみやかに動物病院へ連れて行きましょう．あらかじめ電話をして状況を知らせておくとよいでしょう．

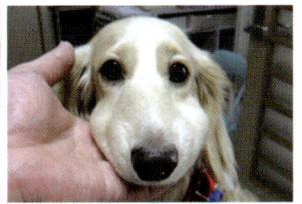

ワクチン接種後，眼の周囲（写真左）や口の周囲（写真右）あるいは両方が腫れる．眼のかゆみがあるときは眼球を傷つけないようにして動物病院へ連れて行きましょう．
POINT▶ワクチン接種後20～30分は病院にいるとよい

注射後あるいは投薬後に腫れ，患部に熱感があるときには冷やすとよいでしょう．ただし，水で濡らさないようにしましょう．

→ 冷やす → **動物病院へ**

薬物過敏症　97

心臓病で注意すべき症状

【咳】

咳は心臓病のなかでもおもに左心系異常がある犬におこる症状です．原因としては，心拡大による気管の圧迫や循環不全による肺への血液鬱帯によるものです．心臓性の咳は「コホッ，コホッ」「ケッ，ケッ」「カッ，カッ」のような空咳が多いです．犬によっては吐き気があるようなしぐさをすることもあります．症状がみられるということは，心臓病が進行しているおそれがあります．

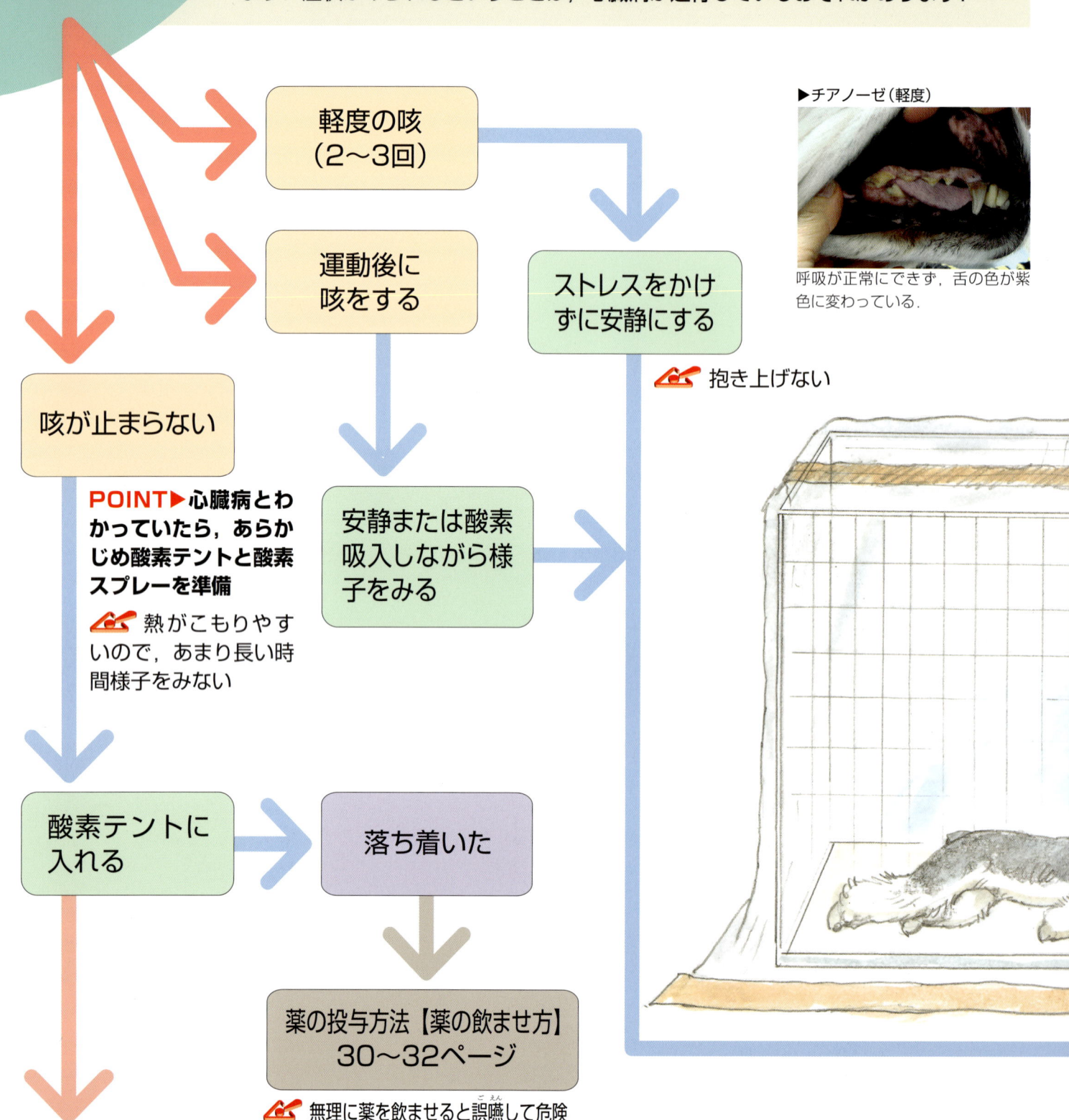

▶チアノーゼ（軽度）

呼吸が正常にできず，舌の色が紫色に変わっている．

```
                    ┌─ 軽度の咳（2〜3回）─┐
                    │                      │
                    ├─ 運動後に咳をする    ├─→ ストレスをかけずに安静にする
                    │         │            │        👆 抱き上げない
         咳が止まらない        ↓            │
         │          安静または酸素吸入しながら様子をみる
         │   POINT▶心臓病とわかっていたら，あらかじめ酸素テントと酸素スプレーを準備
         │   👆 熱がこもりやすいので，あまり長い時間様子をみない
         ↓
   酸素テントに入れる ──→ 落ち着いた
                              ↓
                    薬の投与方法【薬の飲ませ方】
                         30〜32ページ
                    👆 無理に薬を飲ませると誤嚥して危険
         ↓
      落ち着かない ─────────── 酸素をかがせながら
                                    **大至急**
```

【呼吸困難】

呼吸困難とは，心臓病（とくに左心系異常）などの原因により肺での酸素のとり込み，二酸化炭素の排出がうまくできず，呼吸リズム・様式・回数などが崩れることをいいます．安静時の正常呼吸の場合，呼吸リズムは一定で行われます．様式としては，胸が縮んだり，膨らんだりをくり返します．回数としては，小型犬で1分間に20〜30回，大型犬・中型犬で1分間に約15回が正常ですが，興奮などの一時的なものは異常ではありません．

→ 運動後の呼吸困難 → 酸素をかがせる

👉 中等度〜重症の心臓病の場合では，酸素ボンベや酸素テントなどを準備しておく必要がある

👉 長い時間様子をみない

- 落ち着いた → 薬の投与方法【薬の飲ませ方】30〜32ページ
  👉 無理に薬を飲ませると誤嚥して危険

- 落ち着かない／呼吸が速い／舌が紫色 → 酸素テントに入れる

  - 落ち着いた → 薬の投与方法【薬の飲ませ方】30〜32ページ
    👉 無理に薬を飲ませると誤嚥して危険

  - 落ち着かない → 酸素をかがせながら **大至急**

楽な姿勢にさせ，酸素を嫌がらない程度の近さでかがせましょう．

→ **動物病院へ**　**大至急**

心臓病で注意すべき症状【呼吸困難】 99

【努力呼吸】

努力呼吸とは，呼吸困難の前段階のような症状で，苦しそうに体の胸の部分を上下するようなしぐさの呼吸です．呼吸するときの1回が深く遅い場合が多いですが，深く早い場合もあります．ほとんどの場合，犬が座ったまま（犬座姿勢）になり（特徴的），口を開けたまま動きたがらない状態になります．一時的なものであれば問題はありませんが，安静時のこのような症状は明らかに異常です．

- 呼吸が深い　苦しそう
- 呼吸がおかしい
  - 長時間様子をみない
- 心臓以外にも問題がある可能性がある
- 呼吸が浅く速い（開口呼吸）
- 酸素をかがせる → 落ち着いた → 薬の投与方法【薬の飲ませ方】30〜32ページ
  - 無理に薬を飲ませると誤嚥して危険
- 落ち着かない → 酸素をかがせながら 大至急 → 動物病院へ

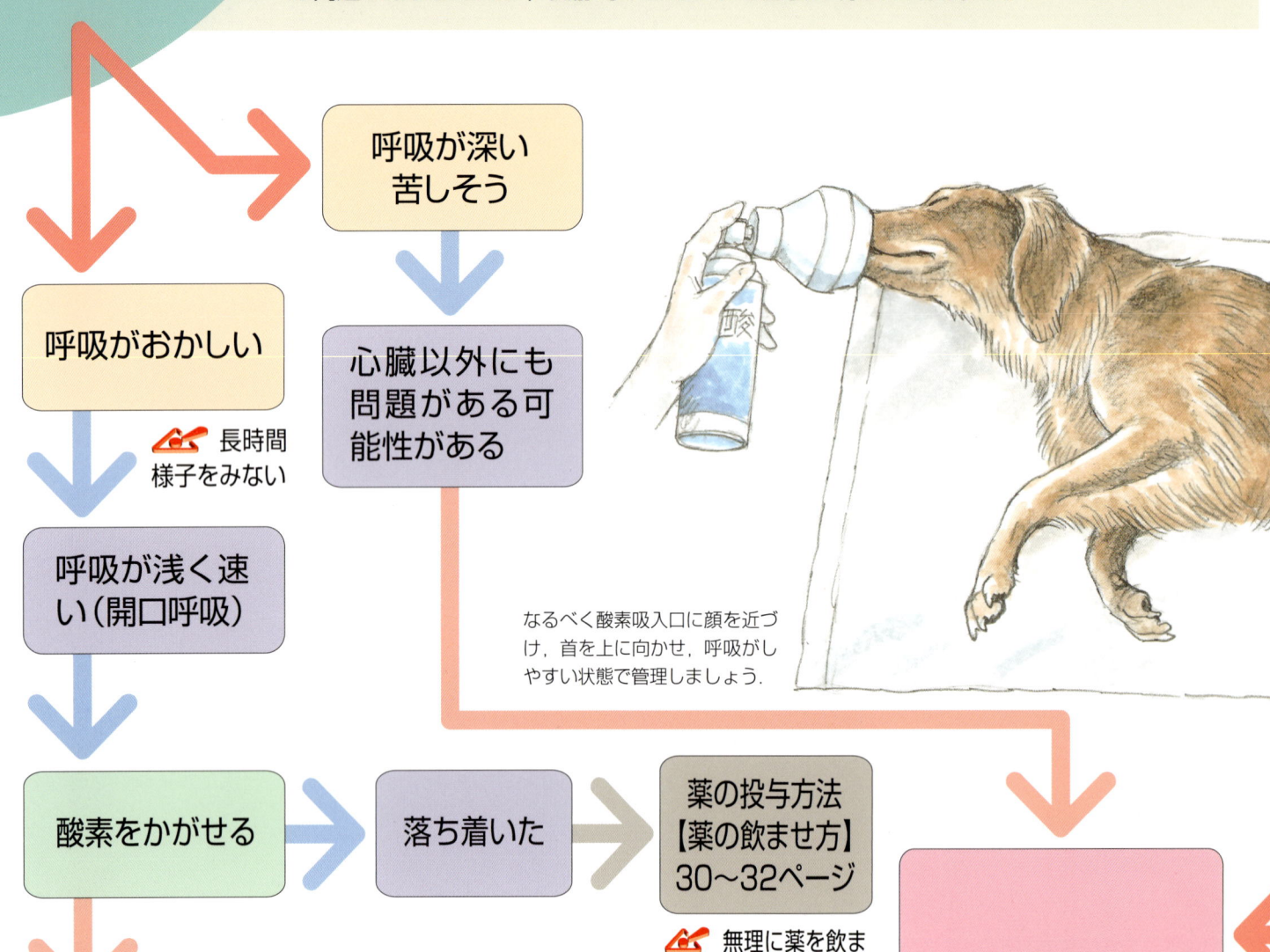

なるべく酸素吸入口に顔を近づけ，首を上に向かせ，呼吸がしやすい状態で管理しましょう．

犬の心臓病でもっとも多い疾患は僧帽弁閉鎖不全症（心臓の左心室の入り口に位置する僧帽弁が正しく閉じることができず，大動脈に押し出されるべき血液の一部が逆流をきたす）です．ほかにも多数の心臓病がありますが，前述の症状をもっともおこしうる病気としても僧帽弁閉鎖不全症は重要です．とくに小型犬，キャバリア・キング・チャールズ・スパニエルなどが4〜5歳を超えた頃より病気がはじまります．原因については解明されていないところもありますが，高齢に伴う弁の変性が強く示唆されています．弁の閉鎖不全は一定であった血液の流れを逆流させてしまうために全身循環がうまくいかなくなります．そして，たまってはいけない場所に血液がたまりだし，咳，呼吸困難，卒倒などの症状が出ます．大型犬の場合は，心筋症，肺動脈弁狭窄，大動脈弁狭窄などの遺伝的疾患が関与する心臓病が多いです．よって，基本にある心臓病のコントロールをしっかりと行うことが大切になります．

【卒倒】

すべての心臓病でおこる可能性のある症状です．血液循環がうまくいかず，脳への酸素供給量が減り，一時的に倒れてしまうことをいいます．とくに運動後に症状が出やすく，倒れたあとすぐに状態が戻る場合もありますが，呼吸がうまくできずに死亡してしまうこともあるため危険な症状です．

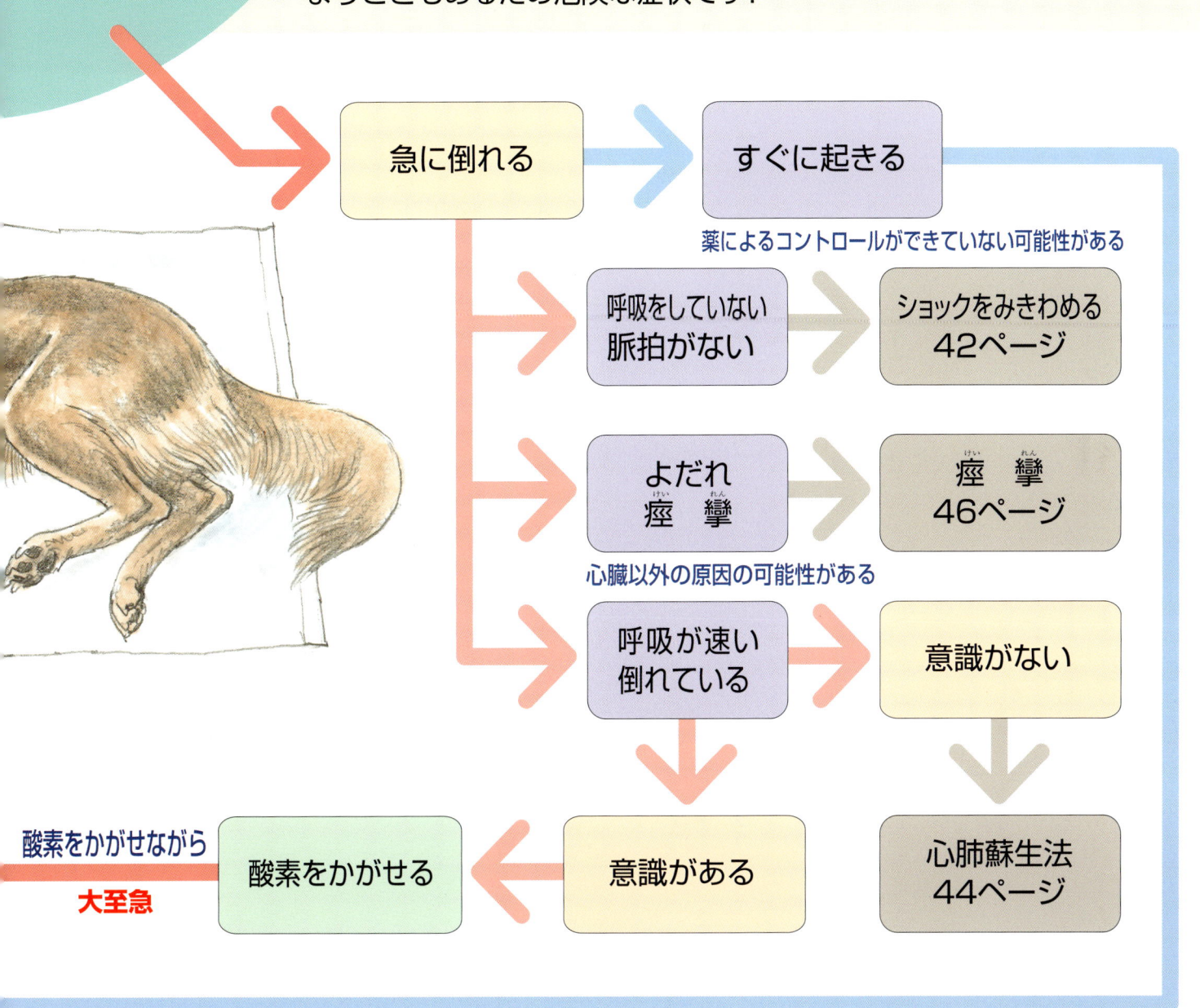

```
急に倒れる → すぐに起きる
                薬によるコントロールができていない可能性がある

急に倒れる → 呼吸をしていない/脈拍がない → ショックをみきわめる 42ページ

急に倒れる → よだれ/痙攣 → 痙攣 46ページ
             心臓以外の原因の可能性がある

急に倒れる → 呼吸が速い/倒れている → 意識がない → 心肺蘇生法 44ページ
                              → 意識がある → 酸素をかがせる
```

酸素をかがせながら **大至急**

◆肺水腫（90ページ参照）

肺水腫とは肺胞に体液がたまる病気で，肺の機能である酸素交換，いわゆる呼吸がうまくいかず，咳，呼吸困難，努力呼吸，卒倒などの症状が出てしまい，死亡する症状のひとつです．肺水腫は外見でわかるものではなく，個々の症状が現れるので，それぞれの項目を参照してください．

〈肺水腫にならないためには〉
① 処方された心臓の薬は指示どおりに飲むこと
② なるべくナトリウム，塩分などを制限した食餌をとること
③ あまり激しい運動は避け，興奮させないこと
④ 少しでも心臓病の症状が出たら早めに動物病院に行き検査を受けること

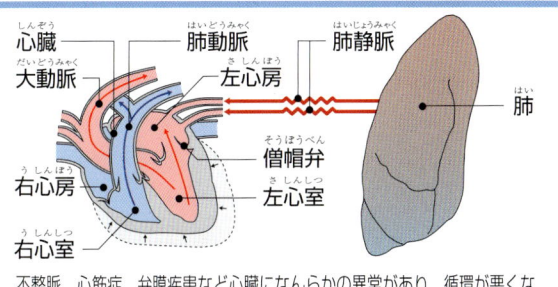

心臓／大動脈／肺動脈／肺静脈／左心房／僧帽弁／右心房／左心室／右心室／肺

不整脈，心筋症，弁膜疾患など心臓になんらかの異常があり，循環が悪くなると，肺（おもに左心系）や腹部（おもに右心系）に体液がたまってしまいます．

▶頭部の異常

耳
〔外傷（掻創を含む），感染〕

耳に問題がある場合，犬は気にしてさかんに耳を振ったり，床にこすりつけたり，足でひっかいたりします．このことによって患部がますます悪化してしまったり，患部のまわりにあらたな傷をつくってしまうことがあります．飼い主はこれらの自傷行為をやめさせるように留意しましょう．

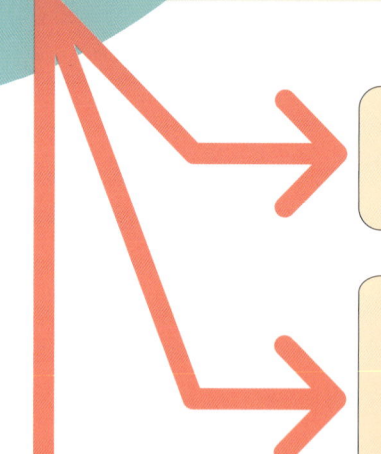

- 左右で耳の様子（角度など）が異なる
- 普段より赤い / においが強い / 炎症がおこっている（外耳炎） → 希釈した消毒薬で洗浄する
- 出血している → 清潔なガーゼなどで圧迫止血（5分間）する

患部をガーゼでおおい，指でつまんだら5分間は離さないようにしましょう．頻繁に様子をみすぎると血が止まりません．

耳に消毒薬を注入したら，外からよくもんであげましょう．

犬が頭を振るので，飼い主の眼に入らないように．綿棒でふいたり，こすったりしない

犬は生活を大きく聴覚に頼っています．聴覚以外にも内耳には平衡感覚を保つための神経が集中しており，耳は犬にとってとても大切な器官です．耳は外に張り出している構造上，けんかなどで外傷を受けやすく，出血量も多いので，止血方法を知っておくとよいでしょう．犬はさまざまな原因で外耳炎になりますが，とくに大きく垂れ下がっている犬種は蒸れやすいうえに発見が遅れるので要注意です．外耳炎はアレルギーや寄生虫など自宅では対処不能なものも多く，悪化すると炎症が内部にまで波及し，脳障害と間違えるほどの運動異常をきたします．かきむしったり綿棒のすれ傷で悪化することも多いので，早めに動物病院で診察を受けましょう．

→ エリザベスカラーをつける → 動物病院へ

→ 止血できても圧迫止血をさらに10分くらい続ける → エリザベスカラーをつける

◆患部を損傷しないようにするためには

エリザベスカラー

市販のエリザベスカラーなどを装着しましょう．指が1, 2本入る程度のゆとりをつくり，脱落しないようぴったりしめましょう．縁を粘着テープで補強してもよいでしょう．
自分でもつくることができます（105ページ）．

市販の靴をはかせましょう（古い靴下でもよい）．

爪を短く切りましょう．

耳〔外傷（掻創を含む），感染〕

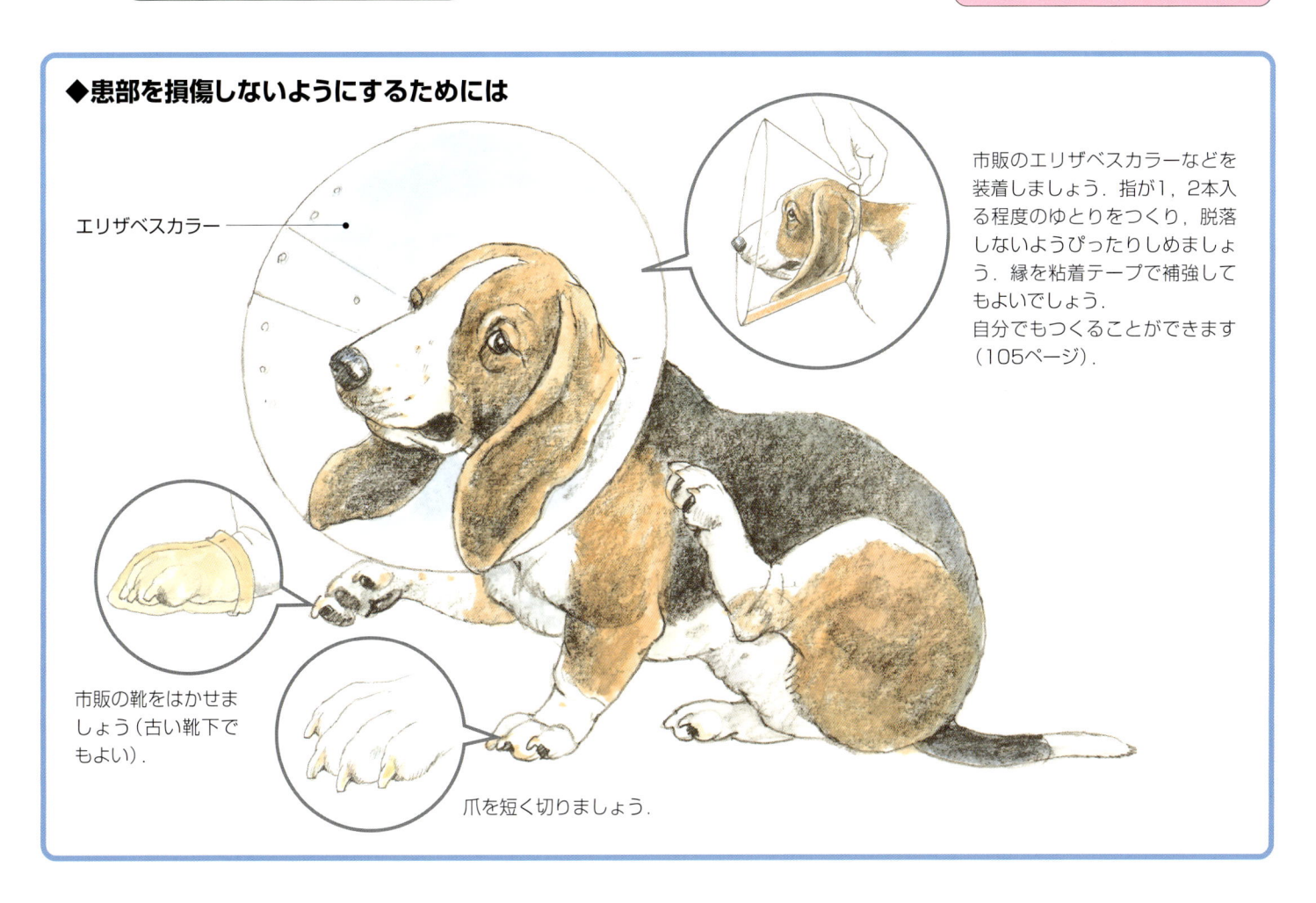

眼〔外傷〕

眼の外傷は，異物，逆睫（さかさまつげ），けんか，交通事故などのさまざまな原因でおこります．これらの症状は非常に似ているのでみきわめが困難です．一般的に目脂（めやに），過剰なまばたき，眼が赤い，前肢で眼をこするしぐさがみられます（交通事故による外傷の場合は，ほかの部位に重度の損傷を負っていれば，生命の危機にかかわる症状のほうを優先して処置しましょう）．

- 角膜を貫通している傷（貫通創）
- 水晶体が脱臼している（水晶体が定位置から前方あるいは後方に逸脱）
- 異物（植物，ごみなど）

☛ 異物をとり除かない

▶貫通創 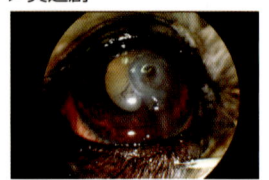
角膜の中心に穿孔創（せんこうそう）があり，その周囲が白濁している．

▶水晶体脱臼 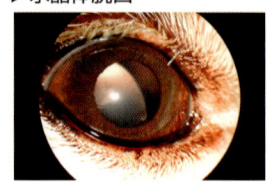
水晶体が脱臼し，向かって左斜め下に移動している．

▶異物 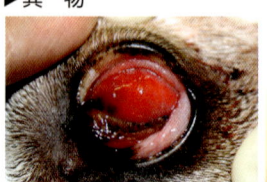
イネ科の植物（写真右）の植物によりおこった結膜炎・結膜浮腫（けつまくふしゅ）．

角膜を貫通していない傷（非貫通創） → 洗浄する

☛ 角膜を貫通しているかいないかわからない場合は，至急，動物病院へ

☛ 嫌がるようであれば，至急，動物病院へ．貫通していると洗浄をとても痛がり嫌がる

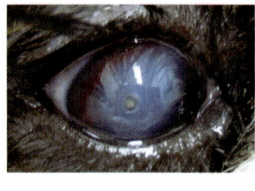

▶非貫通創
角膜に傷はみられるが，貫通はしていない．

眼球がとび出ている → 眼球突出 110ページ

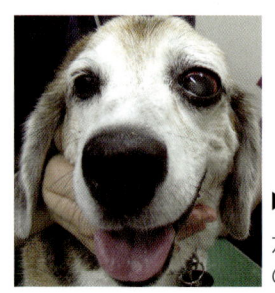

▶眼球突出
左眼が前方へ突出し，眼球の変形がみられる．

ショックの兆候がみられる → ショックをみきわめる 42ページ

→ エリザベスカラーをつける

104　応急手当の実際　頭部の異常

眼の外傷を処置する過程で迷うことがあるときは，ただちに動物病院に相談しましょう．

眼の外傷は，犬種や年齢によって受けやすい外傷のタイプに違いがあります．たとえば，短頭種（パグ，ペキニーズ，シー・ズーなど）では眼球突出をおこしやすく，子犬では猫によるひっかき傷が多くみられます．愛犬の特徴を理解し，外傷を未然に防ぐことも大切です．また，眼の異常は，目でみて発見しにくいことが多く，外観からみて軽度であっても，二次性の感染症や白内障，緑内障などの重度の疾患に発展することがあるので，少しでも異常を感じたら動物病院へ連れて行き，必ず診察を受けるようにしましょう．

エリザベスカラーをつける

頭部を上方に向けて保定し，市販の洗眼液で洗浄します．

POINT▶眼をこすることを防ぐ

暴れるようであればエリザベスカラーを外す

◆エリザベスカラーがないときには

手元にエリザベスカラーがなく，すぐに必要なときは下記のようなもので代用しましょう．

▶小型犬，中型犬

段ボールを使用して作成：首の大きさに合わせて段ボールをドーナツ状に切りとる．

▶大型犬

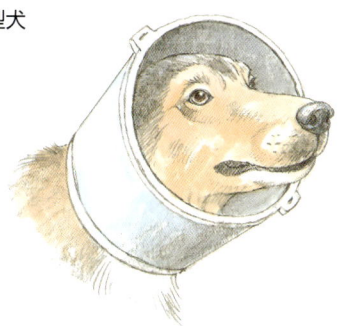

ポリバケツを使用して作成：犬の頭と首の大きさに合うバケツの底をくり抜く．

至急 → **動物病院へ**

角膜疾患
〔破裂，潰瘍〕

角膜疾患は，おもに外傷，アレルギーなどの免疫反応，代謝性疾患，感染症が原因でおこります．目脂，結膜の充血，角膜中の血管の存在（通常，血管はみられない），角膜の潰瘍（角膜表面の欠損），白濁，乾燥が症状としてみられます．応急処置を行ううえでもっとも大切なことは，動物病院で診察を受けるまでの間，それらの症状を悪化させないことです．

→ 角膜表面が欠損している（角膜潰瘍）

眼をかいてしまうことで角膜が破れてしまう

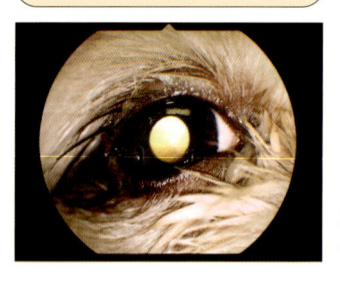

角膜の中心には潰瘍があり，その周囲に血管がみられる．

→ ドライアイ（乾性角結膜炎）

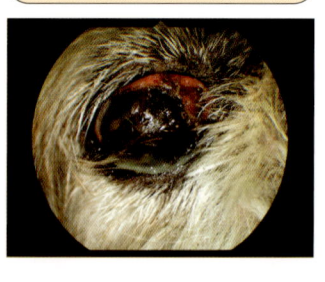

角膜には黒い色素が沈着している．

→ 角膜が炎症を起こしている（角膜炎）

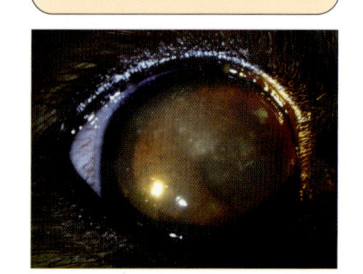

角膜上に血管がみられる．

→ エリザベスカラーをつける

外傷がみられる
↓
眼〔外傷〕104ページ

▶眼の構造

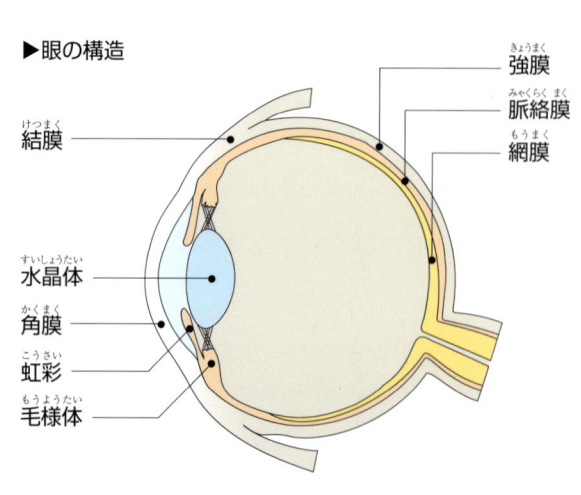

強膜
脈絡膜
網膜
結膜
水晶体
角膜
虹彩
毛様体

眼は，三層の膜（外膜：結膜・角膜・強膜，中膜：虹彩・毛様体・脈絡膜，内膜：網膜）が，水晶体などの器官を包み込むような構造をしています．黒眼の部分は水晶体，角膜，虹彩からなり，白眼の部分は結膜，強膜で構成されています．

すべての疾患に共通することですが，早期発見が治療後の経過のよしあしに大きくかかわってきます．遭遇する多くの角膜疾患は角膜表面の傷（角膜潰瘍）で，多くの場合は1週間程度で自然に治ります．しかし，このほかに免疫介在性や腫瘍性の疾患もおこります．また，犬種によって好発する疾患も異なります．

感染症が同時におこった場合や，ほかの疾患（たとえば緑内障）が原因でおこっている場合には失明する可能性もあります．異常に気づいたら，必ず動物病院の診察を受けるようにしましょう．

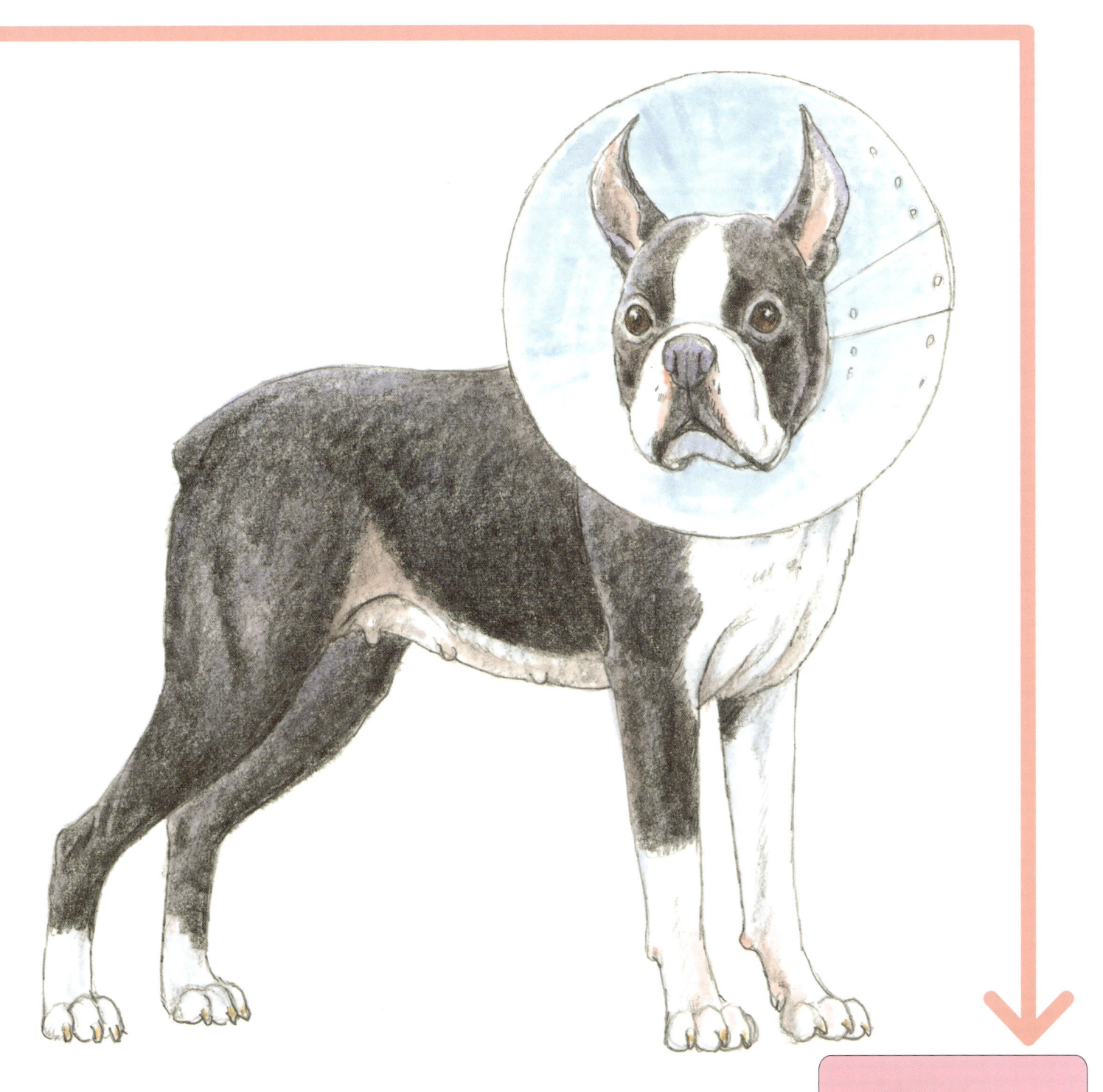

POINT▶エリザベスカラーをつけることで，物にぶつかったり，自分でこすってしまうなど眼球を傷つけてしまうことを防止

動物病院へ

失明

失明は眼球のどの部位に異常があってもおこる可能性があります．たとえば，角膜または水晶体の不透明化，網膜の異常，脳の異常が原因として考えられます．なかには治療法がないものもありますが，早期に発見することで再び視力をとり戻す病気もあるので，その症状にできるだけ早く気づくことが大切です．

緑内障（眼球内圧の上昇）
その他の症状：眼球突出，過剰なまばたき，涙，光を嫌う，角膜の白濁，白眼の充血

白内障（水晶体の白濁）
その他の症状：白眼の充血

→ エリザベスカラーをつける

次の症状が出てきたら失明を疑う
- 階段の昇降を躊躇するようになる
- 物にぶつかる
- 壁に沿って歩く
- 物音に驚く
- 眠りが浅い
- 眼球が大きくなっている（緑内障）
- 水晶体に白濁がある（白内障）

POINT▶ 早期発見が非常に重要．早期に発見できれば，もとの状態に戻る可能性がある

POINT▶ エリザベスカラーをつけることで，物にぶつかったり，自分でこすってしまうことによる眼球の損傷を防止

▶緑内障
右側の眼球の拡大と変形，そして白眼の充血がみられる．

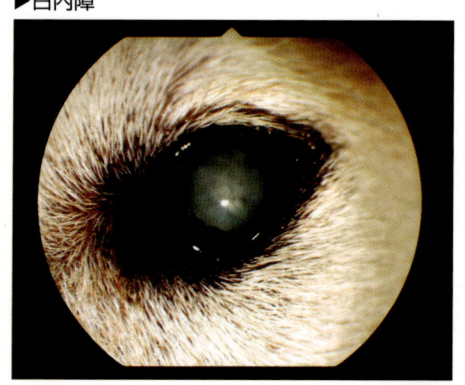

▶白内障
水晶体の白濁がみられる．

緑内障は，眼球内圧が正常範囲を超えて上昇し，その結果として周囲の器官におこる一連の変化のことです．緑内障は失明のおもな原因ですが，早期に発見することで失明を避けることができるかもしれません．
白内障は，水晶体が白濁し，目がみえにくくなったり失明してしまう病気ですが，それに伴って，ぶどう膜炎から緑内障へと進行する恐れもあります．白内障は老齢犬におこりやすい病気と思われがちですが，先天的あるいはほかの病気に伴って若齢でもおこることがあります．これらの状態を早期に発見するためにも動物病院で適切な検査を受けるようにしましょう．

眼軟膏をつける

☞ 眼軟膏を使用するときは，あらかじめ動物病院に相談する

緑内障，眼球突出の場合
濡らした布で眼球をおおう

☞ 眼球突出の場合，眼球を露出したままにしない

POINT▶眼球の乾燥を防ぐ

下瞼を下げ，眼軟膏を下瞼に沿って約1cmくらいチューブから出してつけましょう．

眼軟膏をつけたら，親指と人差し指で瞼を1，2回開閉しましょう．そのとき眼球を圧迫しないように気をつけましょう．

動物病院へ

失明 109

眼球突出

眼球突出とは，片方または両方の眼球が異常に突出した状態で，鼻が低い小型犬種におきやすく，けんかや事故などで異常に興奮したり，眼球に傷がついたときにおこります．眼球が突出すると瞼が閉じられなくなるので，眼球が乾燥したり，傷がつきやすくなり，処置が遅れると失明することもあります．

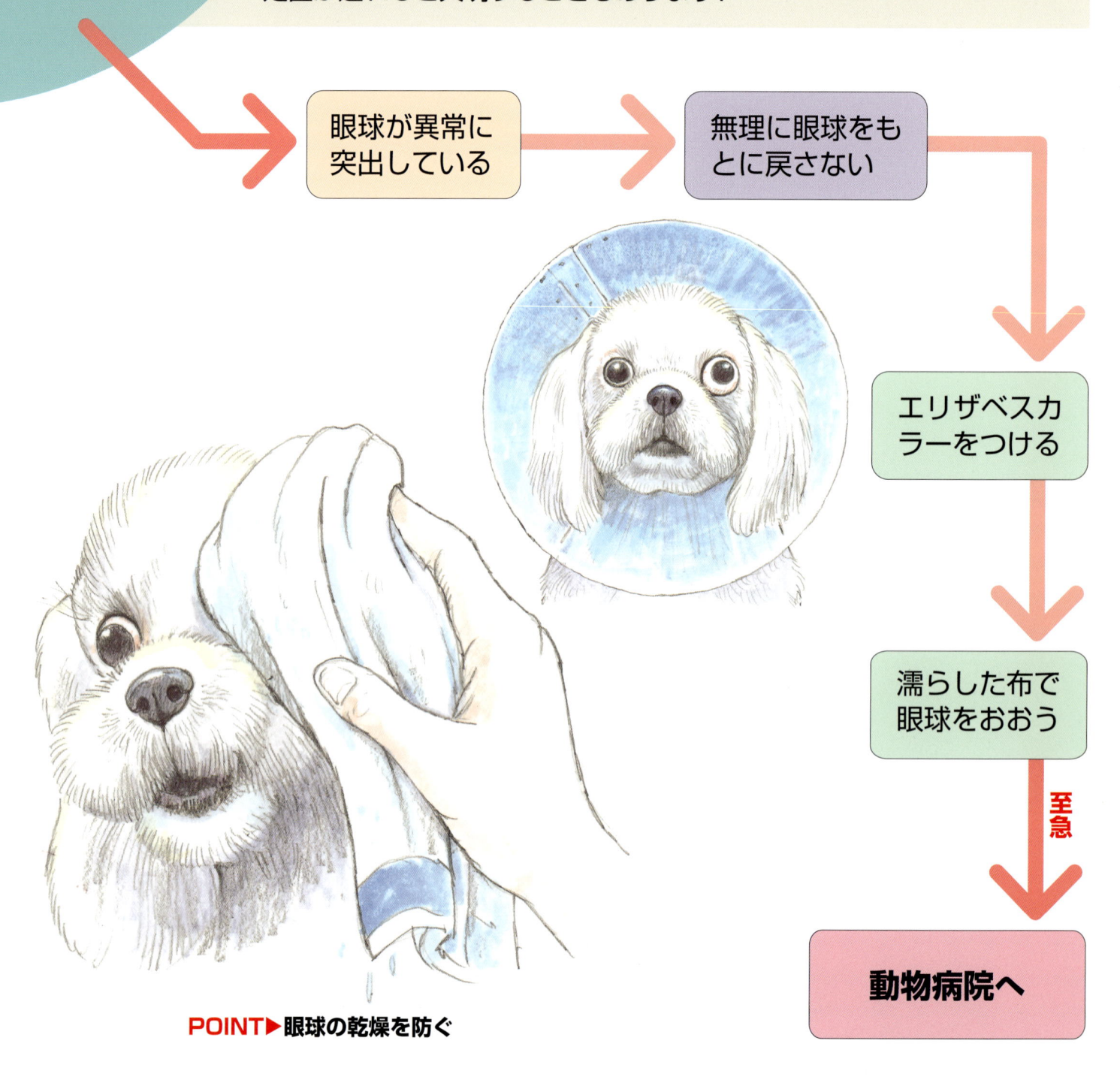

眼球が異常に突出している → 無理に眼球をもとに戻さない → エリザベスカラーをつける → 濡らした布で眼球をおおう → **至急** → **動物病院へ**

POINT▶眼球の乾燥を防ぐ

とくに眼球突出のおこりやすいチワワ，ペキニーズ，ボストン・テリア，シー・ズー，ラサ・アプソなどの犬種では，正常でもわずかに眼球が前方に向かって出ていることがあり，それによって眼が損傷を受けなければとくに矯正する必要はありません．

異常な眼球突出は，興奮のほかに眼窩の腫瘍，炎症，膿瘍，骨格の疾患などが原因となっておこります．とくに眼球後部の出血や眼窩内の炎症では，眼球突出が急速におこることがあります．また甲状腺機能亢進症でもおこりますが，この場合はほとんどが両方の眼が突出します．

口腔内の異物

口のなかにつまる異物で多いのは，木の枝やアイスクリームの棒などです．散歩の途中で見つけた枝をかんで砕いているうちに歯肉に細片が刺さったり，左右の歯列の間に棒が挟まってしまうような場合もあります．犬はしきりに舌なめずりをしたり，よだれをたらしたり，口を動かして違和感を訴えます．また喉(のど)に近い口の奥に異物がひっかかっている場合は空咳をする場合があります．

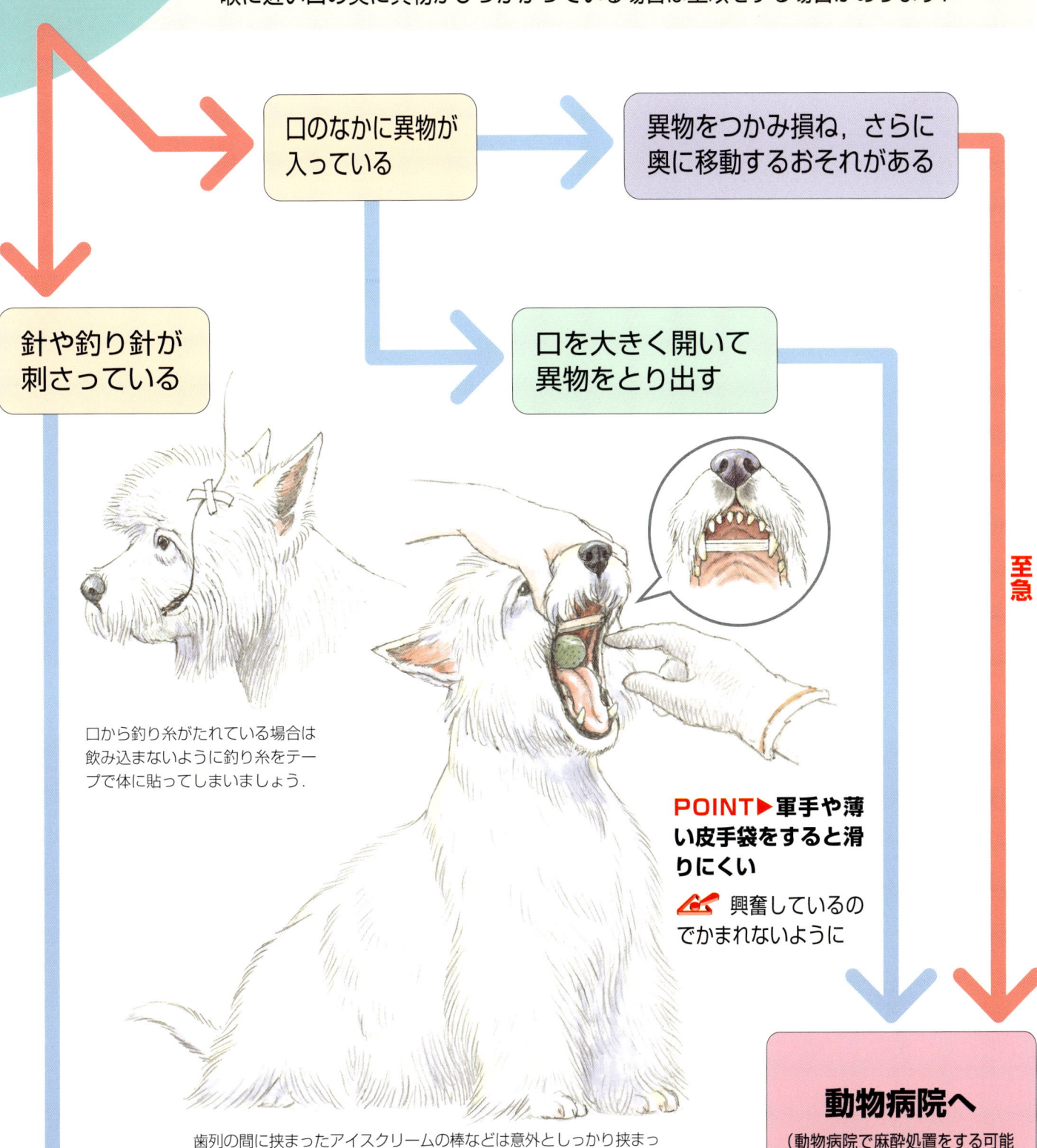

- 口のなかに異物が入っている
  - 異物をつかみ損ね，さらに奥に移動するおそれがある → 至急 動物病院へ
  - 口を大きく開いて異物をとり出す
- 針や釣り針が刺さっている → 動物病院へ

口から釣り糸がたれている場合は飲み込まないように釣り糸をテープで体に貼ってしまいましょう．

POINT▶軍手や薄い皮手袋をすると滑りにくい

⚠ 興奮しているのでかまれないように

歯列の間に挟まったアイスクリームの棒などは意外としっかり挟まっていて，ヌルヌルしていてつかみにくいので軍手などをして異物をとり除いてあげましょう．

動物病院へ
（動物病院で麻酔処置をする可能性があるので，食餌や水を口にした時間を報告するとともに診察を受けるまでは絶食絶水とする）

歯肉の異常
〔色の変化，口蓋，歯，唇など〕

可視粘膜（歯肉，舌，結膜）の正常な色はピンク色です．外傷性ショック（交通事故や胸部・腹部を強く打っている場合）の場合，粘膜は白くなり，チアノーゼをおこしている場合には暗青色になります．これらはとても危険な状態なので，ただちに動物病院に連れて行きましょう．

→ チアノーゼの症状がみられる　**至急**

歯肉（色の変化）のチェックポイント

色	症状
青白	ショックの初期 → 貧血，失血
白	ショック → 重度の失血
青	酸素不足 → ショック
赤	一酸化炭素中毒 → 出血
黄色	肝臓疾患（黄疸）→ 24時間以内に病院へ
ピンク	正常

チアノーゼの原因

	症状
中枢性チアノーゼ	低酸素症（呼吸の異常，先天性心不全，肺内短絡）
末梢性チアノーゼ	血管収縮（寒冷暴露，心不全，ショック，動脈閉鎖，静脈閉鎖）

CRT（毛細血管再充満時間）測定

時間	症状
4秒以上	重度のショック状態
2秒以上	軽度のショック状態
1秒以上	高血圧（この場合は異常をおこしている状態下での観察）
1秒以内	正常

歯肉を圧迫し，指を離して，毛細血管がもとの状態になるまでの時間．

▶ピンク色の歯肉 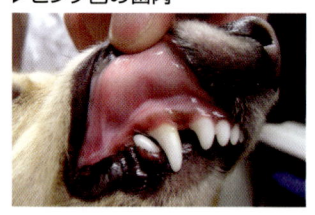
歯肉はピンク色で傷や汚れもなく，正常で健康な状態．

▶白色の歯肉 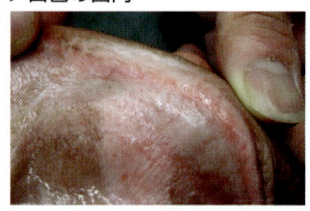
重度の失血によって白くなった歯肉．ふれた感じは冷たく，CRT測定も延長している．

▶黄色の歯肉 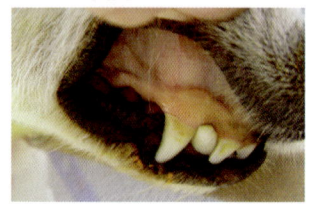
歯肉は黄色で，この症例では肝臓障害（黄疸）と貧血がみられる．

▶赤色の歯肉 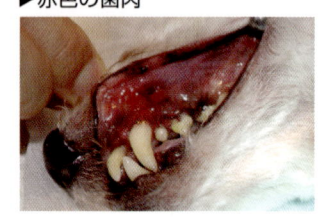
歯肉は赤く，粘膜には炎症がみられ，出血もみられる．

口唇をめくって歯肉の色を確認しましょう．

至急 → **動物病院へ**

歯肉の色の異常を早期に発見することはたいへん重要なことです．これにより緊急性があるものとそうでないものとがわかります．

症状を早期発見すれば生命を助けられることもあります．普段から粘膜の観察（25ページ）などを行っておくとわかりやすいでしょう．

口蓋の異常

先天性の口蓋裂は，第一次，第二次に分けられます．一次口蓋裂は口唇裂，二次口蓋裂は軟口蓋裂および硬口蓋裂として知られており，両者の複合奇形もあります．とくに生命にかかわる二次口蓋裂の症状として，食餌をしたあとに咳，鼻水やくしゃみが出たり，食欲にむらがあったり，食餌がうまくとれないことがあります．

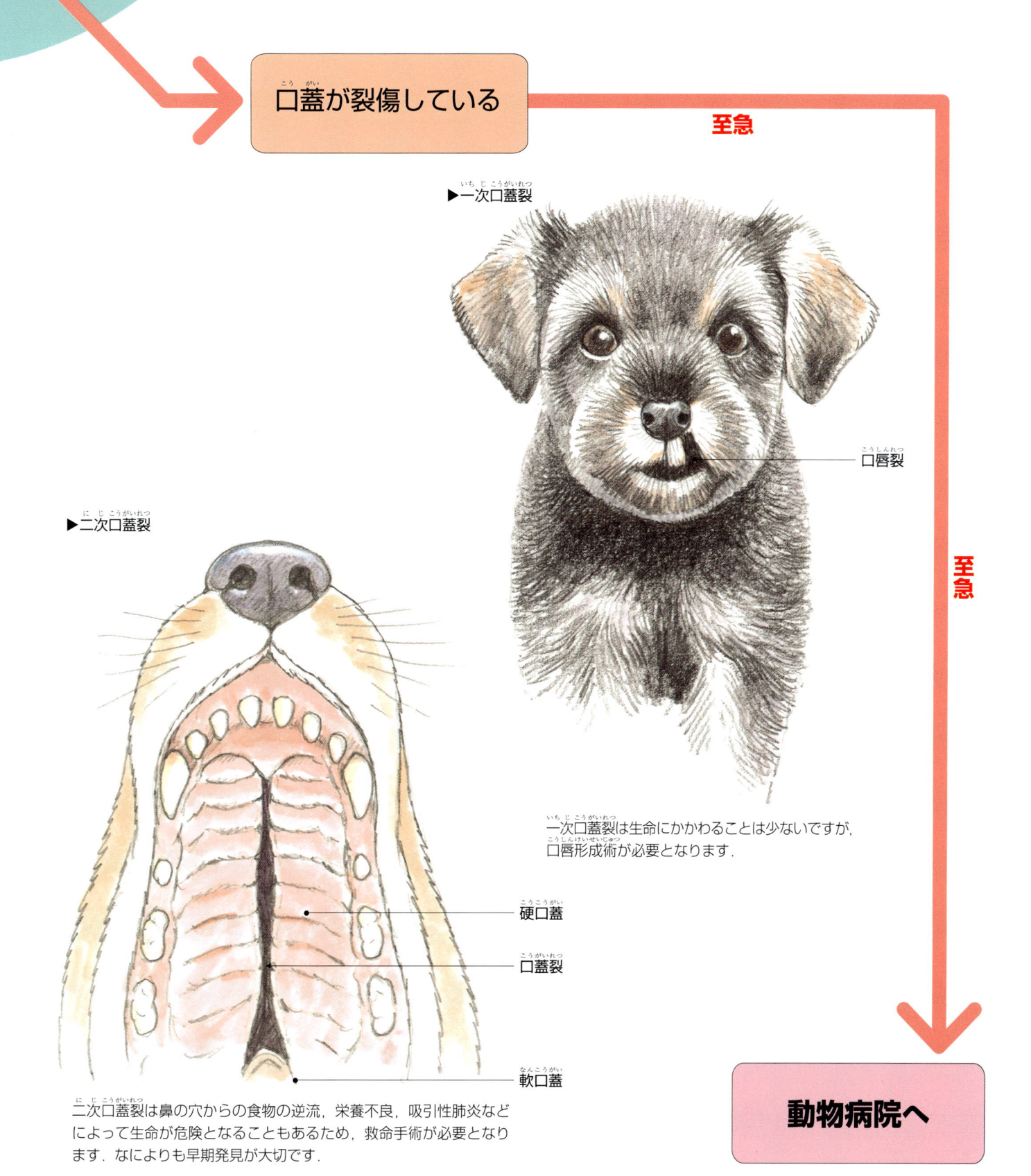

→ **口蓋が裂傷している** — 至急 → 至急 → **動物病院へ**

▶一次口蓋裂

― 口唇裂

一次口蓋裂は生命にかかわることは少ないですが，口唇形成術が必要となります．

▶二次口蓋裂

― 硬口蓋
― 口蓋裂
― 軟口蓋

二次口蓋裂は鼻の穴からの食物の逆流，栄養不良，吸引性肺炎などによって生命が危険となることもあるため，救命手術が必要となります．なによりも早期発見が大切です．

口蓋の異常　113

▶生殖器の異常

膣脱，子宮脱

膣脱：膣壁の一部または全体に近い部分が陰部から外にとび出した状態です．本来，膣は発情ホルモンの影響で変化しやすい場所ですが，発情時期に膣粘膜は厚みを増すため，周囲の筋肉や靭帯がゆるんでいる場合は注意が必要です．

子宮脱：子宮の一部または全部が反転して子宮頸管を通り，膣内または陰部の外に脱出した状態です．膣脱と比較した場合，汚染・細菌感染のリスクが高いため，早急の処置が必要になります．

膣がとび出している
膣の一部がとび出た場合はボール状，全体がとび出た場合はねじれたドーナツのような外観が特徴

子宮がとび出している
陰部からとび出した子宮は，通常，血行障害をおこしているので，露出した子宮内膜は暗赤色から暗紫色

陰部からの脱出物がある場合には放置してはいけません．脱出物が膣壁や子宮である場合にはその保護を優先しましょう．

膣脱は発情期に，子宮脱は出産直後におこります．膣脱は発情期に分泌される大量のエストロジェンによる骨盤の靱帯，骨盤周囲組織および陰門括約筋の弛緩が原因のひとつと考えられます．

いずれの場合でも発見した飼い主はパニックになりやすいものです．まずは落ち着いて，陰部から脱出したものの色，かたち，大きさ，出血の有無，また犬がなめたりかんだりしていないかなどの陰部の状態と全身状態をよく観察し，脱出している組織を大切に保護することを心がけましょう．

湿ったガーゼをあてる 汚れている場合はシャワーで洗浄する

POINT▶水で洗浄する

POINT▶膣粘膜を清潔に保ち，乾燥を予防する

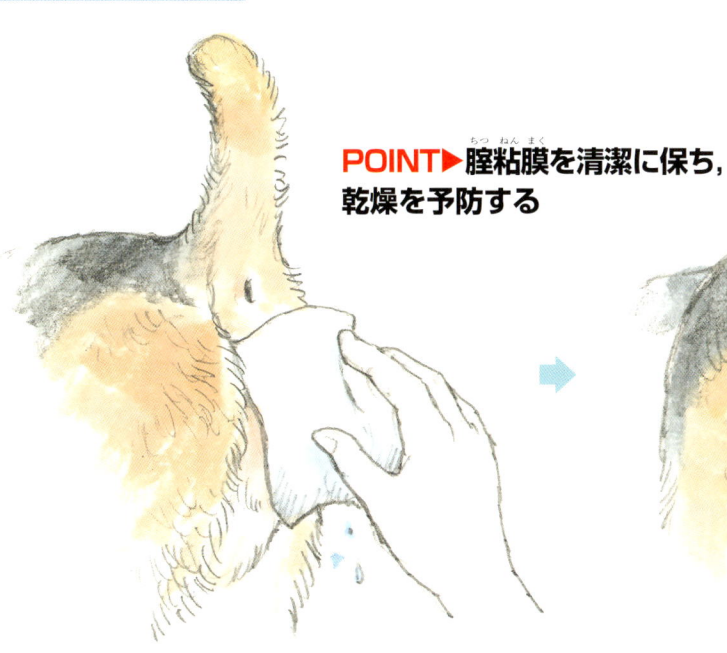

エリザベスカラーをつける

脱出物の乾燥を予防するためには，湿ったガーゼを用いて表面をおおうのもひとつの方法です．ただし，犬が過度に嫌がったり痛がっている場合にはふれないほうがよいでしょう．

脱出物に汚れが付着していたり，汚れの激しい場合にはシャワーで水洗いをしましょう．ぬるま湯をかけると血行がよくなっていっそう腫れてしまうので，必ず水を使いましょう．

▶膣脱

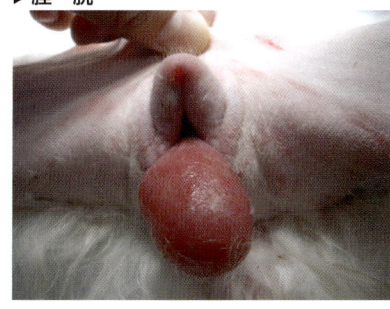

陰部から赤色のボール状のものが脱出している．

▶子宮脱

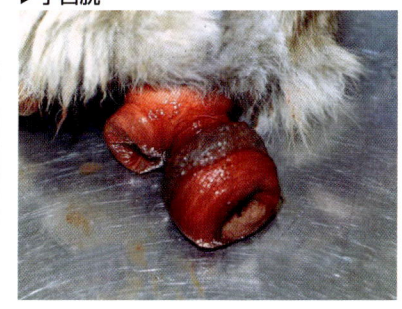

陰部から脱出した子宮は粘膜面（子宮の内側）が反転している．脱出した子宮は血行障害をおこし，粘膜は暗赤色をして腫れている．緊急手術が必要な場合も多い．

動物病院へ

偽妊娠

偽妊娠とは、実際には妊娠していないのに妊娠しているような概観になってしまう状態です。交配の有無には関係なく、発情周期のあとにみられます。偽妊娠状態の犬にみられる変化としては、乳腺の腫れがもっとも特徴的で、乳汁の分泌も一般的にみられます。このほかにも、食欲が低下したり、さらに不機嫌になるなどの行動の変化がみられます。

偽妊娠のおもな症状
① 乳腺の腫れや乳汁の分泌
② 巣づくり行動
③ ぬいぐるみなどに対する子育て行動
④ 攻撃性、ヒステリック
⑤ 食欲低下

- 乳腺が熱い
- 大きく張っている
- 乳腺をしきりになめる
- 乳汁が出ている

このような症状がなければ偽妊娠の心配はない

腹帯をするまたはエリザベスカラーをつける

↓

動物病院へ

自分の乳腺や乳汁をなめる行動はよくみられます。刺激を受けた乳腺は、それまで以上に腫れやすくなるので注意が必要です。

偽妊娠をおこしている乳腺は、あたかも出産後の子育て中の乳腺のように全体が腫れています。場合によっては乳腺がかたく"しこり"のようになったり、熱感をもつことがあります。

通常、排卵後およそ60日間、卵巣に形成された黄体から多量のプロジェステロンの分泌があります。このホルモンによって、乳房の腫大、泌乳、子宮粘膜増殖などがおこるのですが、避妊手術をすることにより偽妊娠はなくなります。手術は偽妊娠乳腺の腫れが落ち着いてからがよいでしょう。

陰茎突出

一般に包皮開口部の狭窄(きょうさく)のため，陰茎（ペニス）が包皮腔内に戻らなくなった場合と，交尾などのあとに勃起(ぼっき)したペニスが包皮にひっかかった場合があります．排尿異常などに伴った長時間の陰茎の突出が原因で，ペニス先端の腫れをきたした場合には戻すことが困難となることもあります．

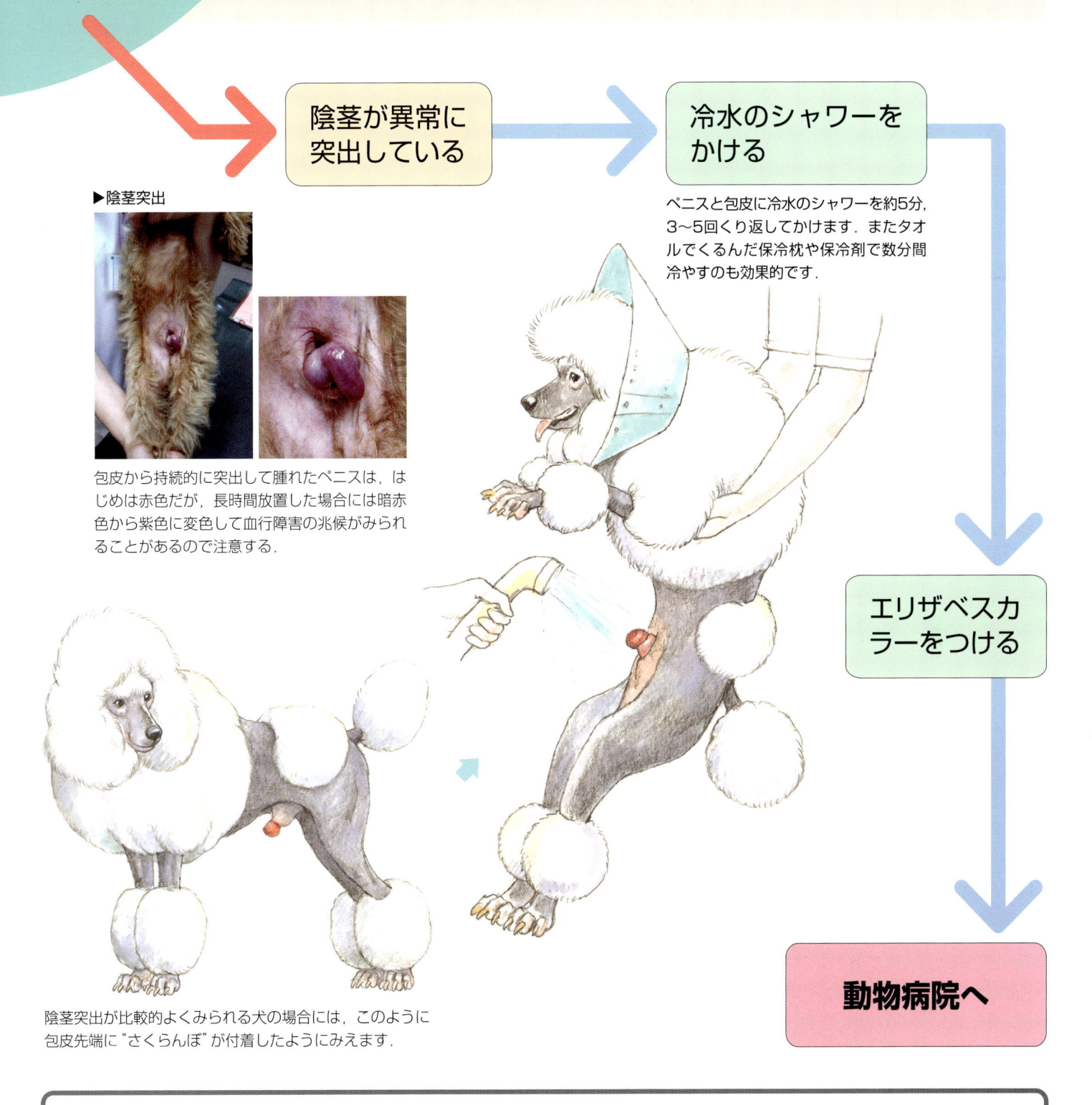

→ **陰茎が異常に突出している** → **冷水のシャワーをかける**

ペニスと包皮に冷水のシャワーを約5分，3〜5回くり返してかけます．またタオルでくるんだ保冷枕や保冷剤で数分間冷やすのも効果的です．

→ **エリザベスカラーをつける**

→ **動物病院へ**

▶陰茎突出

包皮から持続的に突出して腫れたペニスは，はじめは赤色だが，長時間放置した場合には暗赤色から紫色に変色して血行障害の兆候がみられることがあるので注意する．

陰茎突出が比較的よくみられる犬の場合には，このように包皮先端に"さくらんぼ"が付着したようにみえます．

砂糖水で湿らせたガーゼをあて，浸透圧でペニスの腫れを防ぐこともできますが，これは本来ならば動物病院で行うことです．どうしても連れて行けない場合には，動物病院にどのようにしたらよいのかをききましょう．そのとき，突出したペニスのかたち，色，発見してからの経過時間，全身状態などを伝えることが大事です．

▶関節・骨の異常

足の骨折
閉鎖性骨折（前肢）

交通事故や落下など，強力な外力が骨にかかったときに骨折します．かなりの痛みや不快感を伴うので暴れることが多く，とくに足の場合は骨だけでなく，筋肉，血管，神経なども傷つけるおそれがあります．足をよく調べ，閉鎖性骨折（単純骨折：皮膚が破れてなく，骨が出ていない）か，開放性骨折（複雑骨折：皮膚が破れかけ，骨が出ている）かをきちんとみきわめましょう．

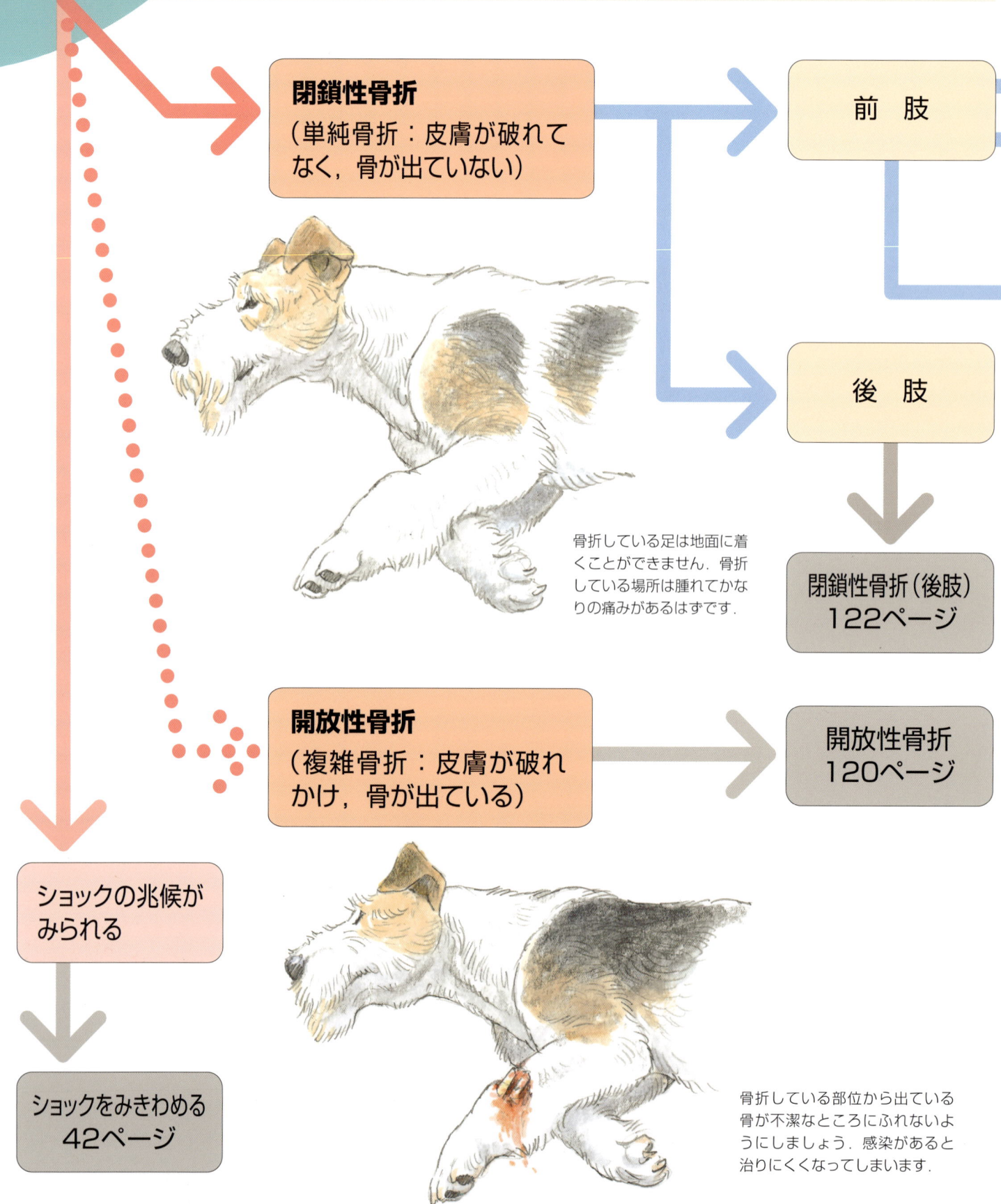

→ **閉鎖性骨折**（単純骨折：皮膚が破れてなく，骨が出ていない）
  → 前肢
  → 後肢 → 閉鎖性骨折（後肢）122ページ

骨折している足は地面に着くことができません．骨折している場所は腫れてかなりの痛みがあるはずです．

→ **開放性骨折**（複雑骨折：皮膚が破れかけ，骨が出ている）
  → 開放性骨折 120ページ

→ ショックの兆候がみられる
  → ショックをみきわめる 42ページ

骨折している部位から出ている骨が不潔なところにふれないようにしましょう．感染があると治りにくくなってしまいます．

118 応急手当の実際　関節・骨の異常

原因となった事柄はできるだけ正確に把握しておきましょう．低いところからの落下の場合は比較的単純な骨折が多いですが，高いところからの落下や交通事故が原因の場合には複雑骨折が多くなります．周囲の組織の損傷の程度が治癒に影響することも覚えておいてください．

また，骨折とともにショックや大量の出血を伴っている場合もあります．動物病院では緊急対応が必要となりますので，事前に動物病院に連絡をとっておいたほうがいいでしょう．
出血に関する応急処置については，52〜59ページの「出血」に関するページを参照してください．

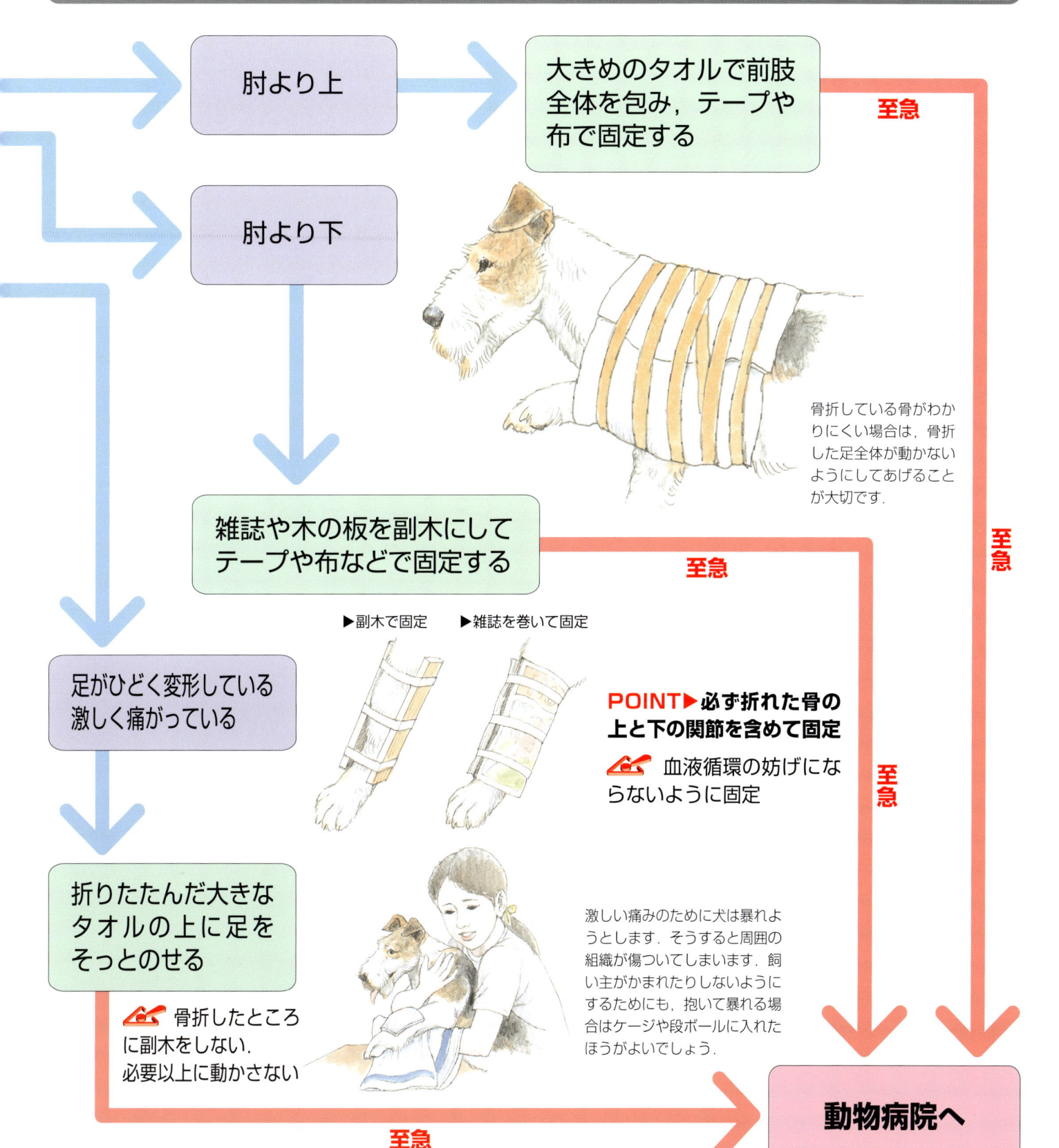

```
→ 肘より上 → 大きめのタオルで前肢全体を包み，テープや布で固定する → 至急

→ 肘より下 ↓

雑誌や木の板を副木にしてテープや布などで固定する → 至急

▶副木で固定　▶雑誌を巻いて固定

POINT▶必ず折れた骨の上と下の関節を含めて固定
　血液循環の妨げにならないように固定

足がひどく変形している　激しく痛がっている ↓

折りたたんだ大きなタオルの上に足をそっとのせる → 至急 → 動物病院へ

　骨折したところに副木をしない．必要以上に動かさない
```

骨折している骨がわかりにくい場合は，骨折した足全体が動かないようにしてあげることが大切です．

激しい痛みのために犬は暴れようとします．そうすると周囲の組織が傷ついてしまいます．飼い主がかまれたりしないようにするためにも，抱いて暴れる場合はケージや段ボールに入れたほうがよいでしょう．

足の骨折　閉鎖性骨折（前肢）

足の骨折
開放性骨折

閉鎖性骨折
（単純骨折：皮膚が破れてなく，骨が出ていない）

→ 閉鎖性骨折（前肢） 118ページ

→ 閉鎖性骨折（後肢） 122ページ

開放性骨折
（複雑骨折：皮膚が破れかけ，骨が出ている）

→ 傷口が汚れないようにする

開放性骨折は外気との接触があるため，少なからず細菌感染しています．新たな感染をおこさないようにすることと周囲の組織を傷つけないようにすることが応急手当の目的です．

POINT▶傷口への細菌感染は重篤な状況を招く

👉 出血が多い場合は，大量の出血（52ページ）を参照

傷口をおおうガーゼやナプキンは少し湿らせたほうがよいでしょう．

ショックの兆候がみられる

→ ショックをみきわめる 42ページ

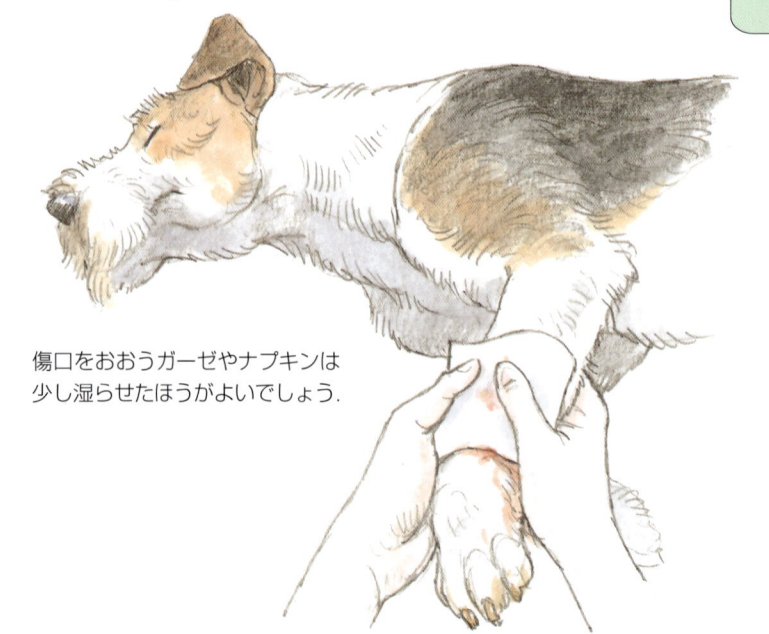

傷口を少し湿らせたガーゼやナプキンでおおう

このほかに骨折には，肋骨，骨盤，背骨の骨折などがあります．これらの場所はさわっただけでは骨折の部位がわかりにくいです．とくに背骨は脊髄神経の損傷をおこすので，できるだけ動かさないように担架やかごに入れて移動させてあげましょう．しかしなかには，いつもはおとなしい犬も激痛に耐えかねてかむ場合もあります．そのときはあまり無理をしないで大きく包んだり，ケージに入れるのもよい方法です．くれぐれも飼い主がけがをしないように注意しましょう．
後肢も同様に手当をして動物病院へ連れて行きましょう．

👎 骨折したところに副木をしない．
必要以上に動かさない

開放性骨折は感染に対して緊急対応が必要です．事前に動物病院に連絡しておきましょう．また，足が動かないように足全体をタオルで巻くのもよいでしょう．

→ 折りたたんだ大きなタオルの上に足をそっとのせる　—動物病院に連絡 至急→　**動物病院へ**

足の骨折　開放性骨折　121

閉鎖性骨折（後肢）

閉鎖性骨折
（単純骨折：皮膚が破れてなく，骨が出ていない）

開放性骨折
（複雑骨折：皮膚が破れかけ，骨が出ている）

開放性骨折 120ページ

前肢

後肢

膝より下

雑誌や木の板を副木にしてテープや布などで固定する

至急

▶副木で固定　　▶雑誌を巻いて固定

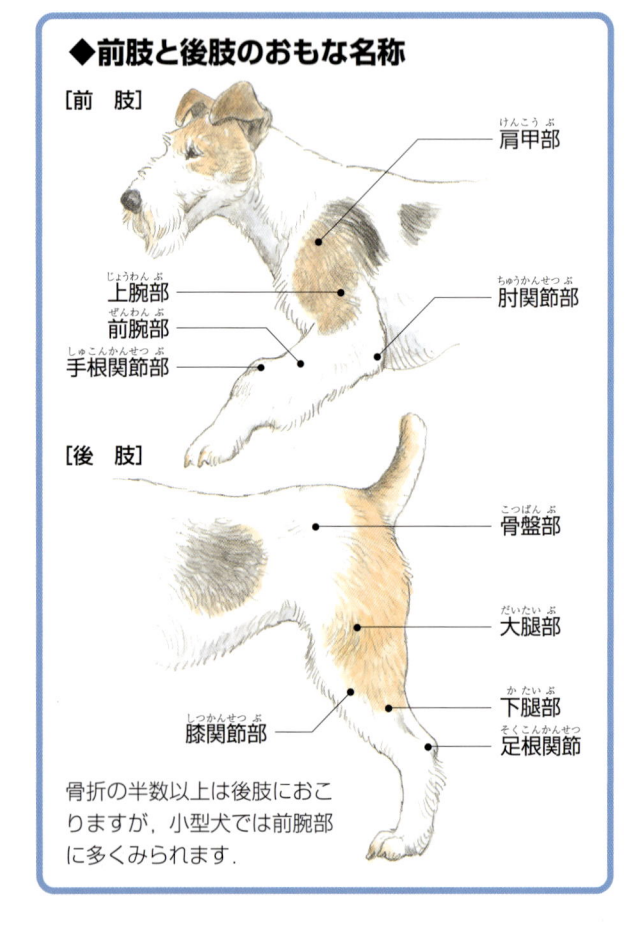

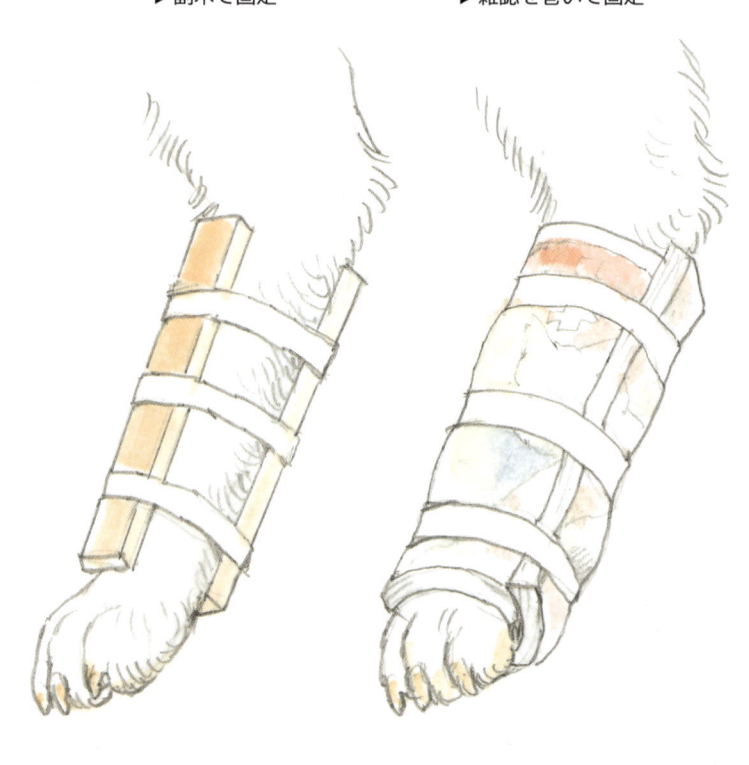

◆前肢と後肢のおもな名称

[前肢]
- 肩甲部（けんこうぶ）
- 上腕部（じょうわんぶ）
- 前腕部（ぜんわんぶ）
- 手根関節部（しゅこんかんせつぶ）
- 肘関節部（ちゅうかんせつぶ）

[後肢]
- 骨盤部（こつばんぶ）
- 大腿部（だいたいぶ）
- 下腿部（かたいぶ）
- 膝関節部（しつかんせつぶ）
- 足根関節（そくこんかんせつ）

骨折の半数以上は後肢におこりますが，小型犬では前腕部に多くみられます．

POINT▶必ず折れた骨の上と下の関節を含めて固定
血液循環の妨げにならないように固定

閉鎖性骨折（前肢）
118ページ

膝より上 → 大きめのタオルで後肢全体を包み，テープや布で固定する → **至急** → 動物病院へ

厚い筋肉があるため骨折している骨がわかりにくいので，足全体が動かないようにしてあげることが大切です．

足がひどく変形している 激しく痛がっている

↓

折りたたんだ大きなタオルの上に足をそっとのせる

⚠ 骨折したところに副木をしない．必要以上に動かさない

犬をできるだけ落ち着かせるように促し，ケージか段ボールに入れて運ぶとよいでしょう．

至急 → 動物病院へ

至急 →

足の骨折　閉鎖性骨折（後肢）　123

足の脱臼
前　肢

関節を形成する骨どうしが正常な状態から逸脱して，機能不全になった状態を脱臼といいます．交通事故や落下などの外力による外傷性脱臼がもっとも多く，緊急対応が必要となります．脱臼は関節軟骨，関節内構造（半月板や十字靭帯など），関節周囲の靭帯や筋肉，ときとして神経や血管まで障害が及ぶ複雑な障害です．迅速な対応と適切な時期の修復・固定をしないと永久的な関節障害が残ります．

- 前肢 → 肘から下
- 前肢 → 肘より上
- 後肢 → 後肢の脱臼 126ページ

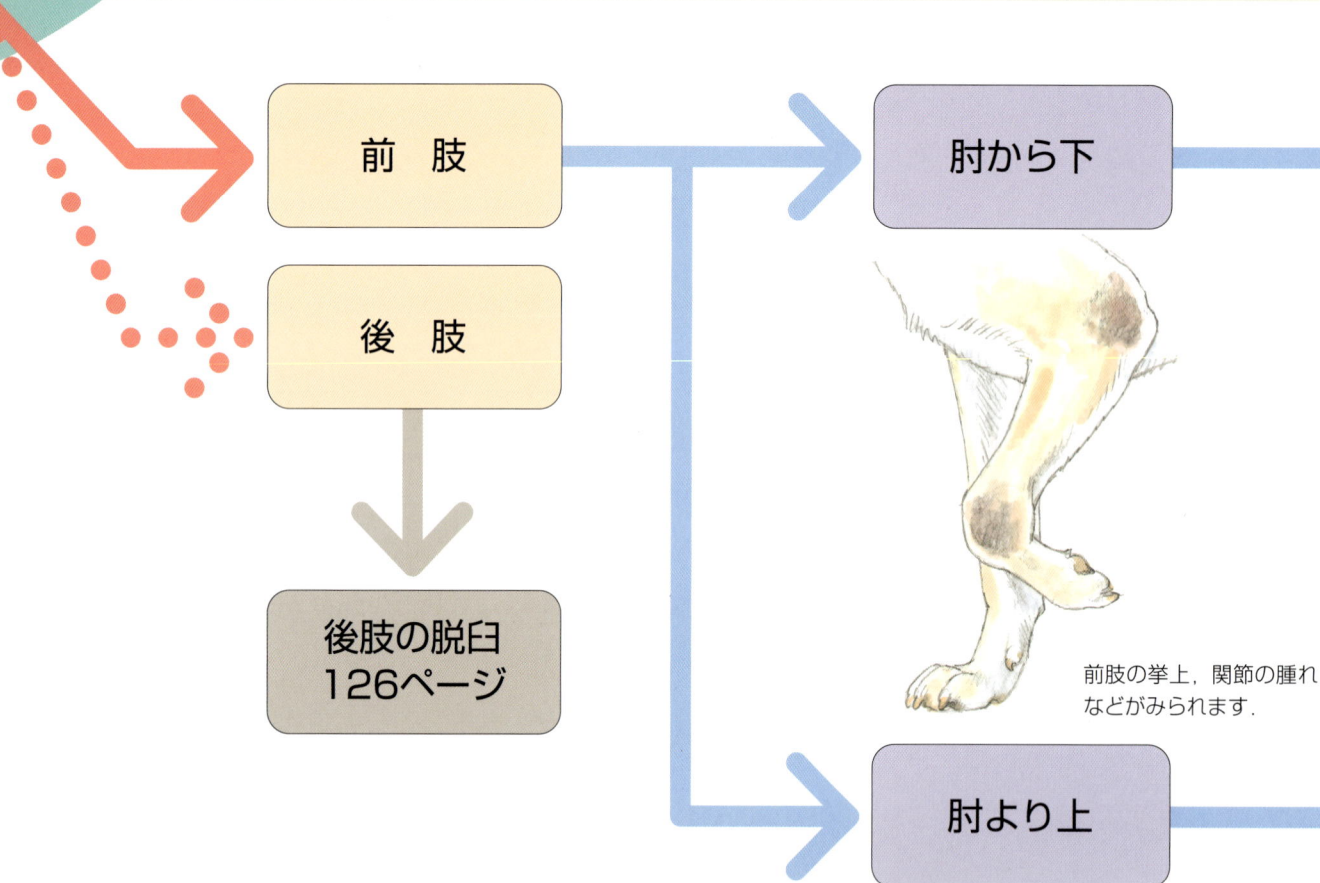

前肢の挙上，関節の腫れなどがみられます．

▶前肢の包帯の巻き方

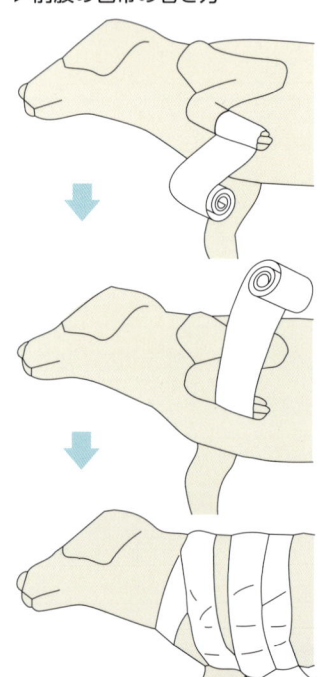

①包帯で中手骨部を巻く．

②脱臼した前肢を胸壁と胸骨の上に接するよう各関節を屈曲させ，包帯を脱臼した前肢の外側面を経て，背中側へ伸ばす．

③包帯を反対側の胸壁からわきの下へと屈曲・脱臼した前肢が保持されるように3～4回巻く．

（一木彦三，獣医外科手術，図1.6-38 a～c, p.39, 講談社, 1994）

◆前肢・後肢のおもな関節と骨

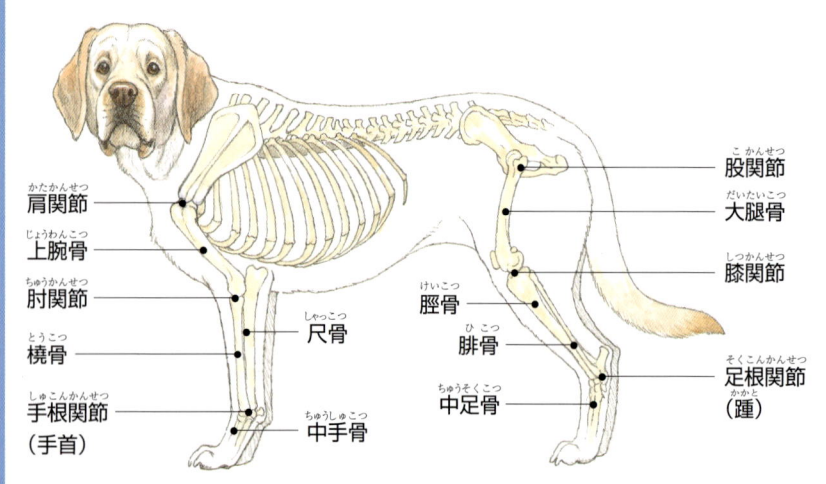

- 肩関節（かたかんせつ）
- 上腕骨（じょうわんこつ）
- 肘関節（ちゅうかんせつ）
- 橈骨（とうこつ）
- 手根関節（しゅこんかんせつ）（手首）
- 尺骨（しゃっこつ）
- 中手骨（ちゅうしゅこつ）
- 股関節（こかんせつ）
- 大腿骨（だいたいこつ）
- 膝関節（しつかんせつ）
- 脛骨（けいこつ）
- 腓骨（ひこつ）
- 中足骨（ちゅうそくこつ）
- 足根関節（そくこんかんせつ）（踵）（かかと）

脱臼をおこすと周辺の損傷により腫れるため部位の特定がむずかしくなります．脱臼が疑われる足は端（下側）から順番にやさしく動かし，異常な動きや音，激しい痛みがあるかどうか確認してください．

もっとも脱臼しやすい関節は股関節ですが，豊富な筋肉におおわれているので，場所の特定はむずかしいです．しかしその障害を受けた周辺組織は関節内に入りやすく，早急に適切な処置をしなければなりません．またこの関節は先天的に形成不全になっている場合もあるので，さらに複雑な対応をしなければなりません．

動物病院ではレントゲンを撮り，部位の特定と障害の程度を把握して対処（多くは手術）します．イラストにおもな関節の副木やテーピングによる固定法がありますが，骨折ほど周囲組織の損傷は大きくないので，家庭では無理をせず，犬を落ち着かせて，あまり動かさないようにして動物病院へ連れて行きましょう．

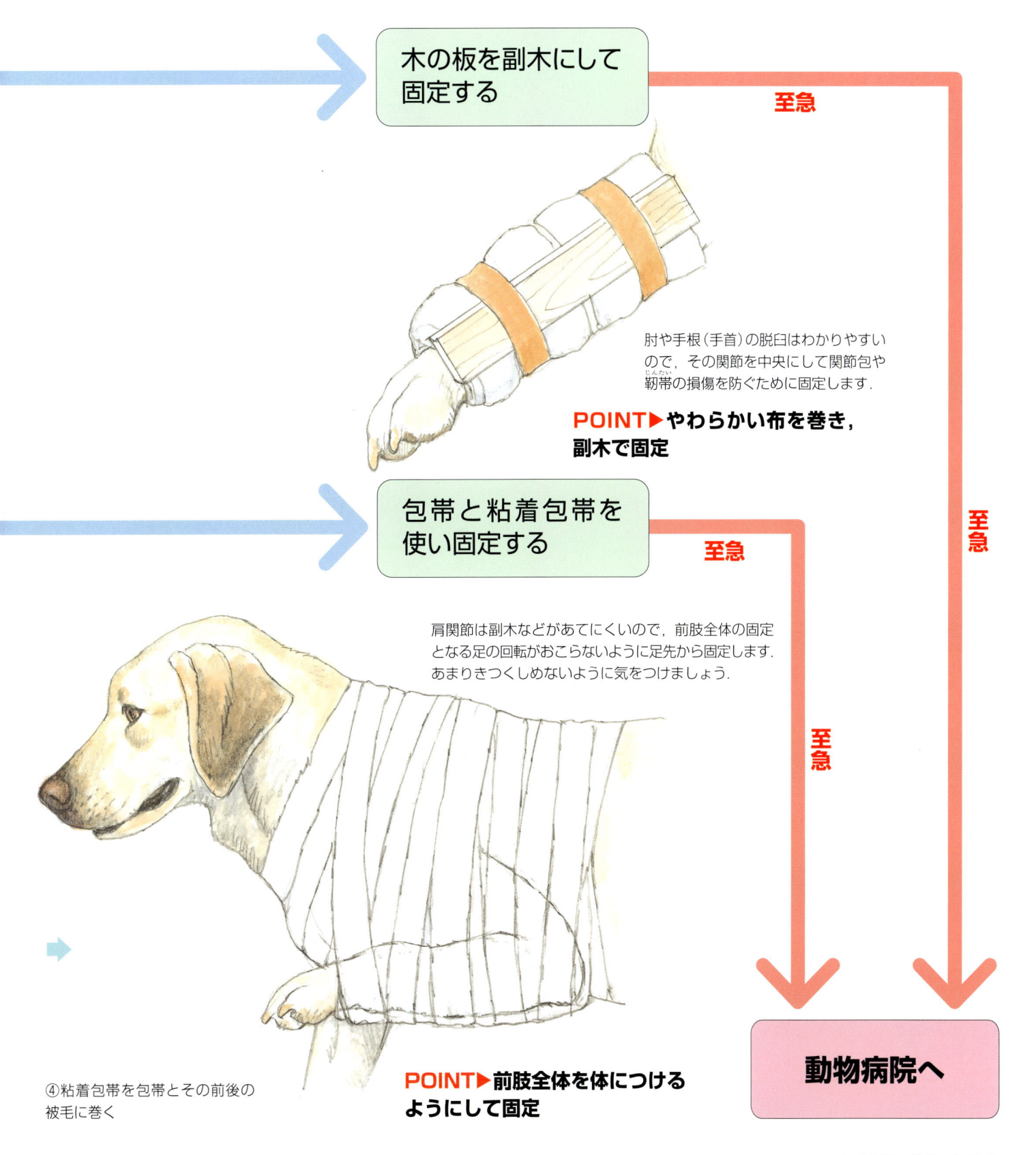

木の板を副木にして固定する

至急

肘や手根（手首）の脱臼はわかりやすいので，その関節を中央にして関節包や靭帯の損傷を防ぐために固定します．

POINT▶やわらかい布を巻き，副木で固定

包帯と粘着包帯を使い固定する

至急

肩関節は副木などがあてにくいので，前肢全体の固定となる足の回転がおこらないように足先から固定します．あまりきつくしめないように気をつけましょう．

至急

④粘着包帯を包帯とその前後の被毛に巻く

POINT▶前肢全体を体につけるようにして固定

動物病院へ

足の脱臼 前肢 125

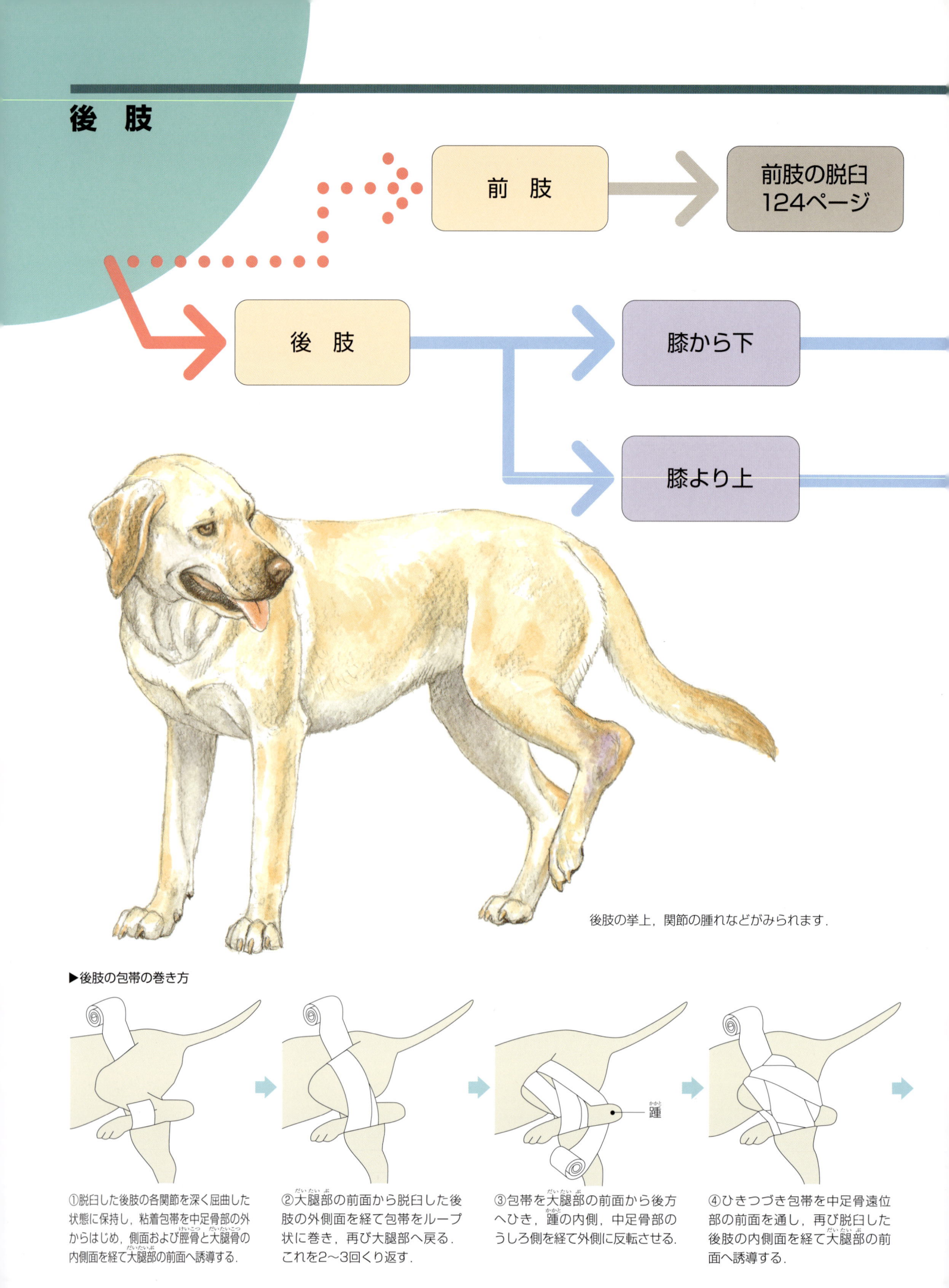

後　肢

```
前　肢  →  前肢の脱臼
            124ページ

後　肢  →  膝から下
        →  膝より上
```

後肢の挙上，関節の腫れなどがみられます．

▶後肢の包帯の巻き方

①脱臼した後肢の各関節を深く屈曲した状態に保持し，粘着包帯を中足骨部の外からはじめ，側面および脛骨と大腿骨の内面を経て大腿部の前面へ誘導する．

②大腿部の前面から脱臼した後肢の外側面を経て包帯をループ状に巻き，再び大腿部へ戻る．これを2～3回くり返す．

③包帯を大腿部の前面から後方へひき，踵の内側，中足骨部のうしろ側を経て外側に反転させる．

④ひきつづき包帯を中足骨遠位部の前面を通し，再び脱臼した後肢の内側面を経て大腿部の前面へ誘導する．

> 木の板を副木にして
> 固定する

膝関節の膝蓋骨(皿)の脱臼は，ほとんど痛みはありません．痛みを伴ってくると，関節包や靱帯の損傷が考えられます．十字靱帯断裂を併発している場合もあります．膝関節の応急的な固定はむずかしいものですが，足根関節(踵)は固定しやすい部位です．

POINT▶やわらかい布を巻き，副木で固定

至急

> 粘着包帯などを使い
> 固定する

股関節脱臼は後肢全体の固定となります．足を回転させないように足先からの固定となります．あまりきつくしめすぎないように気をつけましょう．

**POINT▶後肢全体を体につけるように固定．
脱臼部位が特定できないときはこの方法で固定**

⑤踵の内側，中足骨遠位部の前面を経て大腿部の前面へ至る巻き方を必要に応じて2～3回くり返して止める．

(一木彦三，獣医外科手術，図1.6-39 a～d, p.39, 講談社，1994)

至急

動物病院へ

足の脱臼　後肢

脊髄損傷

脊髄の損傷は，交通事故などの外傷によって背骨が骨折するものと，ダックスフンドなどに多く認められる椎間板ヘルニアによるものが代表的です．事故による損傷は生命にかかわるので，意識の有無の確認は大切なポイントになります．脊髄は強い損傷や障害を受けてから時間が経過してしまうともとに戻らなくなってしまうので，細心の注意をはらって早急に病院へ連れて行きましょう．

▶脊髄損傷

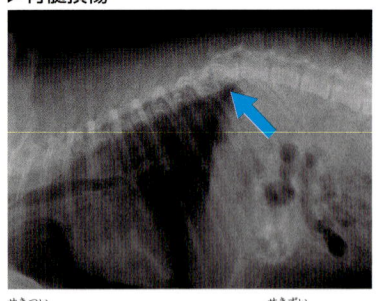

脊椎がずれている（←印）．脊髄は脊椎のなかをとおるので重大な損傷を受ける．

脊髄損傷が疑われる場合
- 明らかに背骨が変形していたり，変なかたちに曲がっている
- 足がまったく動かず（四肢，前肢のみ，後肢のみ），尾がだらりと垂れ下がり，尿や便が垂れ流し状態である

→ ショックの兆候がみられる

→ 意識がない

→ 意識がある

背骨が動かないように大きめのタオルを入れていく

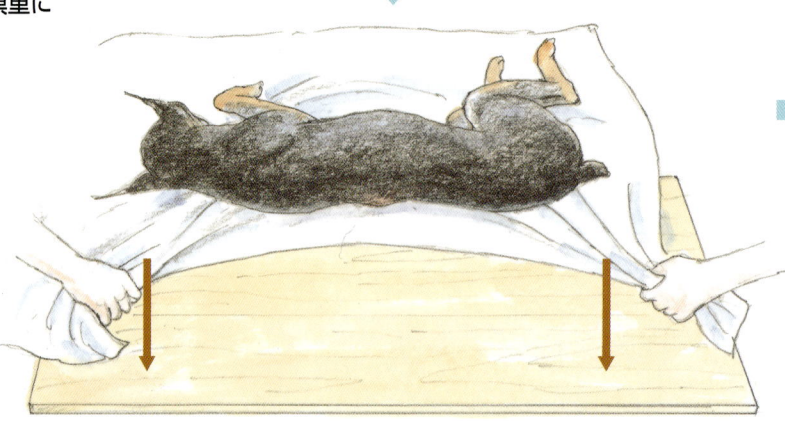

⚠ 痛がって暴れたりするので慎重に

体が曲がらないように注意しましょう．また痛みのためにかみついてくることもあるので注意しましょう．

タオルを滑らせながら板を入れていく

128　応急手当の実際　関節・骨の異常

焦らずに，きちんと犬の状態をみて，犬を運ぶのに必要なもの，人手，車などを準備してから，慎重かつ迅速に動物病院へ連れて行きましょう．背骨が骨折するほどの外傷を受けている場合には，ほかの重篤な損傷も受けている場合がほとんどです．ショック，肺出血，気胸（きょう）(肺から空気がもれ，胸腔にたまっている状態)，膀胱破裂（ぼうこうはれつ）や頭部外傷など生命にかかわることも多く，早期治療が必要です．搬送先は専門病院が望ましいですが，まず電話で受け入れが可能かどうかを確認するとよいでしょう．事故の場合，現場に飼い主や当事者がいない場合も多いので，必ず発見保護した場所・時間，そのときの状況などを確認しておきましょう．

→ ショックをみきわめる 42ページ

至急

◆**小型犬で後肢麻痺の場合の運び方**

背骨に負担がかからないようにもち，動かさないように体を固定して移動しましょう．痛みを伴っているのでかまれないように注意しましょう．
解剖学的に犬の椎間板（ついかんばん）ヘルニアは，人とは違い脊髄損傷（せきずいそんしょう）をおこします．そのため，さきほどまで走っていたのに突然麻痺（まひ）したりすることがあります．

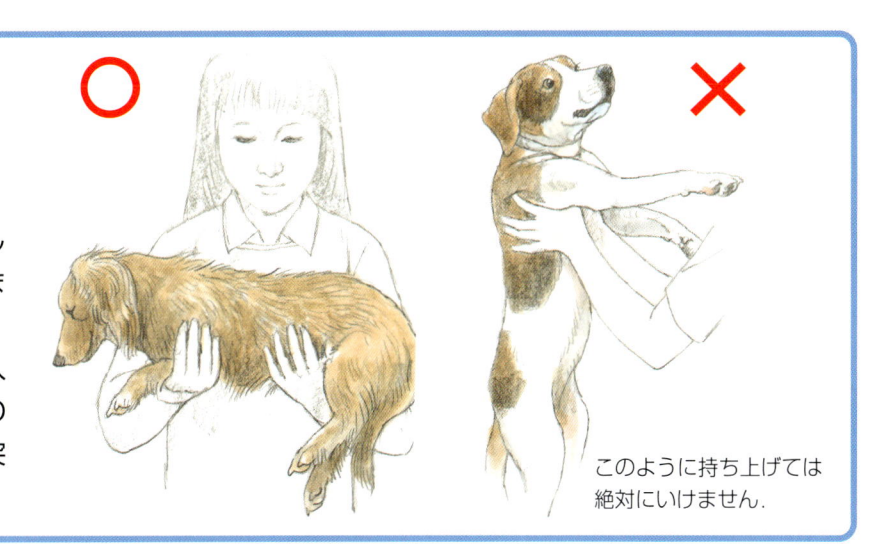

○ ×

このように持ち上げては絶対にいけません．

POINT▶背中を固定させ，体全体が動かないように

移動中に暴れたり，転落すると損傷が重篤になるので慎重に

→ 体全体にタオルをかけて搬送する → **動物病院へ**

脊髄損傷

脊髄の病気で注意すべき症状

脊髄の病気やけがにはさまざまな程度があり，みためだけでは判断がつきにくいことがよくあります．また，時間の経過とともに症状が急速に悪化することも多い病気です．重症の場合には，できるかぎり犬を安静にして，すみやかに動物病院に連れて行きましょう．なるべく早く治療をはじめることが重要です．

脊髄の病気が疑われる症状
- 背中をさわられることを嫌がる
- 下半身が動かない（立ち上がれない）
- 後肢の跛行（徐々に跛行がひどくなっていく）
- 尾を振ることができない
- 動き方がにぶい
- 食欲不振，発熱
- 排便，排尿がしにくい（もしくはできない）

至急

▶尾を振ることができない
第7腰椎から仙椎部分の脊髄神経に障害がおこると，尿や便の失禁がみられたり，尾が垂れ下がり振ることができなくなったりします．

▶下半身が動かない（立ち上がれない）
胸部・腰部の脊髄神経が障害されると，下半身が動かなくなるために立ち上がれず，前肢だけで下半身をひきずるように歩きます．

代表的な脊髄の病気としては，交通事故などの外傷による脊椎骨折あるいは脱臼や，ダックスフンドなどの軟骨異栄養性犬種に発生しやすい椎間板ヘルニアのほか，髄膜炎，脊髄軟化症，変形性脊椎症などがあげられます．脊髄の病気やけがが疑われる犬を病院へ運ぶときには，できるかぎり安静に保ち，運んでいるときにさらに脊髄を損傷しないように注意する必要があります．動物病院では，脊髄の検査としてMRI検査やCT検査が必要なことがあります．重症の場合は手術を行って長期間の入院治療が必要となることもあります．椎間板ヘルニアの初期から中期は，段差をのぼれないなどの前兆がみられることもあるので注意深い観察が必要です．

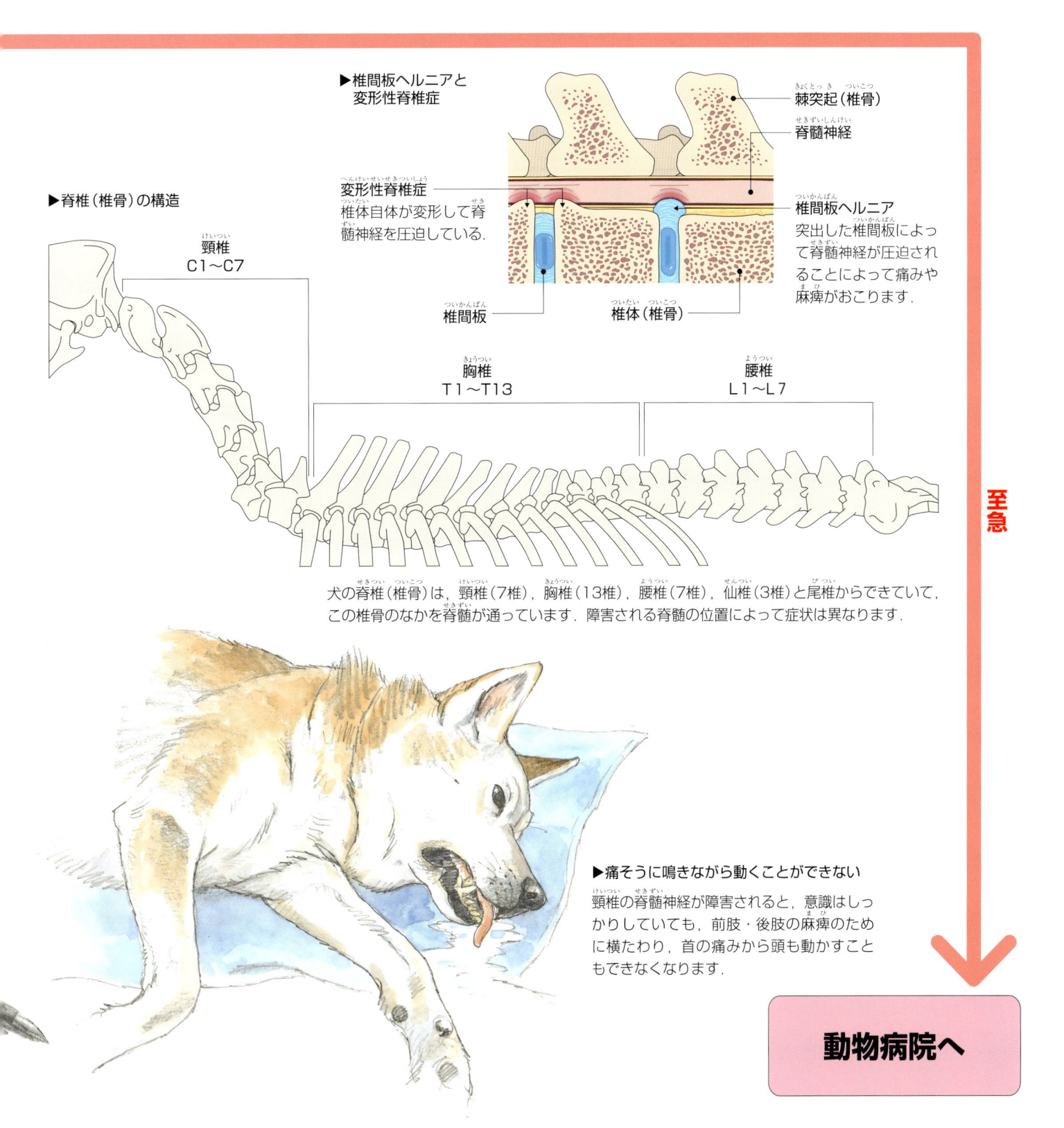

▶椎間板ヘルニアと変形性脊椎症

棘突起（椎骨）
脊髄神経
変形性脊椎症
椎体自体が変形して脊髄神経を圧迫している．
椎間板ヘルニア
突出した椎間板によって脊髄神経が圧迫されることによって痛みや麻痺がおこります．
椎間板
椎体（椎骨）

▶脊椎（椎骨）の構造

頸椎 C1～C7
胸椎 T1～T13
腰椎 L1～L7

犬の脊椎（椎骨）は，頸椎（7椎），胸椎（13椎），腰椎（7椎），仙椎（3椎）と尾椎からできていて，この椎骨のなかを脊髄が通っています．障害される脊髄の位置によって症状は異なります．

▶痛そうに鳴きながら動くことができない
頸椎の脊髄神経が障害されると，意識はしっかりしていても，前肢・後肢の麻痺のために横たわり，首の痛みから頭も動かすこともできなくなります．

至急

動物病院へ

脊髄の病気で注意すべき症状

跛行

跛行とは，歩き方に異常がみられる状態をいいます．外傷もしくは筋肉や骨，関節，靱帯，神経の損傷など，さまざまな原因によってひきおこされ，異常のある場所や痛みの程度によって歩き方が変化します．軽い外傷やねんざであれば，家庭での対処が可能なこともありますが，跛行の原因は多様であることから，安易な判断はせず，なるべく早く動物病院に連れて行きましょう．

→ ほとんど接地しない／まったく接地しない

→ 足の裏に傷・異物がない
　骨折，ねんざ，脱臼などの可能性がある

→ 足の裏に傷・異物がある
　足の裏に何か刺さっていないか確認しましょう．

→ 四肢を地面につけるが…

後肢をあげている状態．膝から下になんらかの異常があることが多くみられます．

→ 四肢の運びがバラバラだったり，よろけたりする
　脳，神経の異常の可能性がある

→ 足をひきずる
　椎間板ヘルニアなどの背骨（頸椎，胸椎，腰椎など）の異常の可能性がある

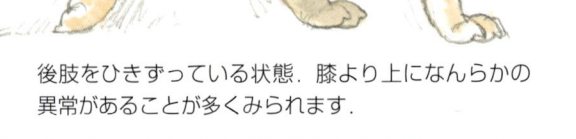

→ 安静にして搬送する
　必要以上に動かさない

後肢をひきずっている状態．膝より上になんらかの異常があることが多くみられます．

132　応急手当の実際　関節・骨の異常

全身を注意深くさわっていくことで，痛みの有無や痛みのある場所を特定できる場合もあります．しかし，痛みが激しいと，体をさわった際に飼い主にかみついてしまうこともあるので十分に気をつける必要があります．長毛種では，小さな傷が原因として考えられる場合は，傷がなかなか発見できないこともあるので，毛をかきわけるなどしてしっかり観察しましょう．また何か物にぶつからなかったか，急に鳴き声などをあげなかったかなど，その症状を示すまえの様子や時間経過とともに症状が悪化していないかなどがわかれば，動物病院での診断に役立つので，気になったことをメモしておきましょう．

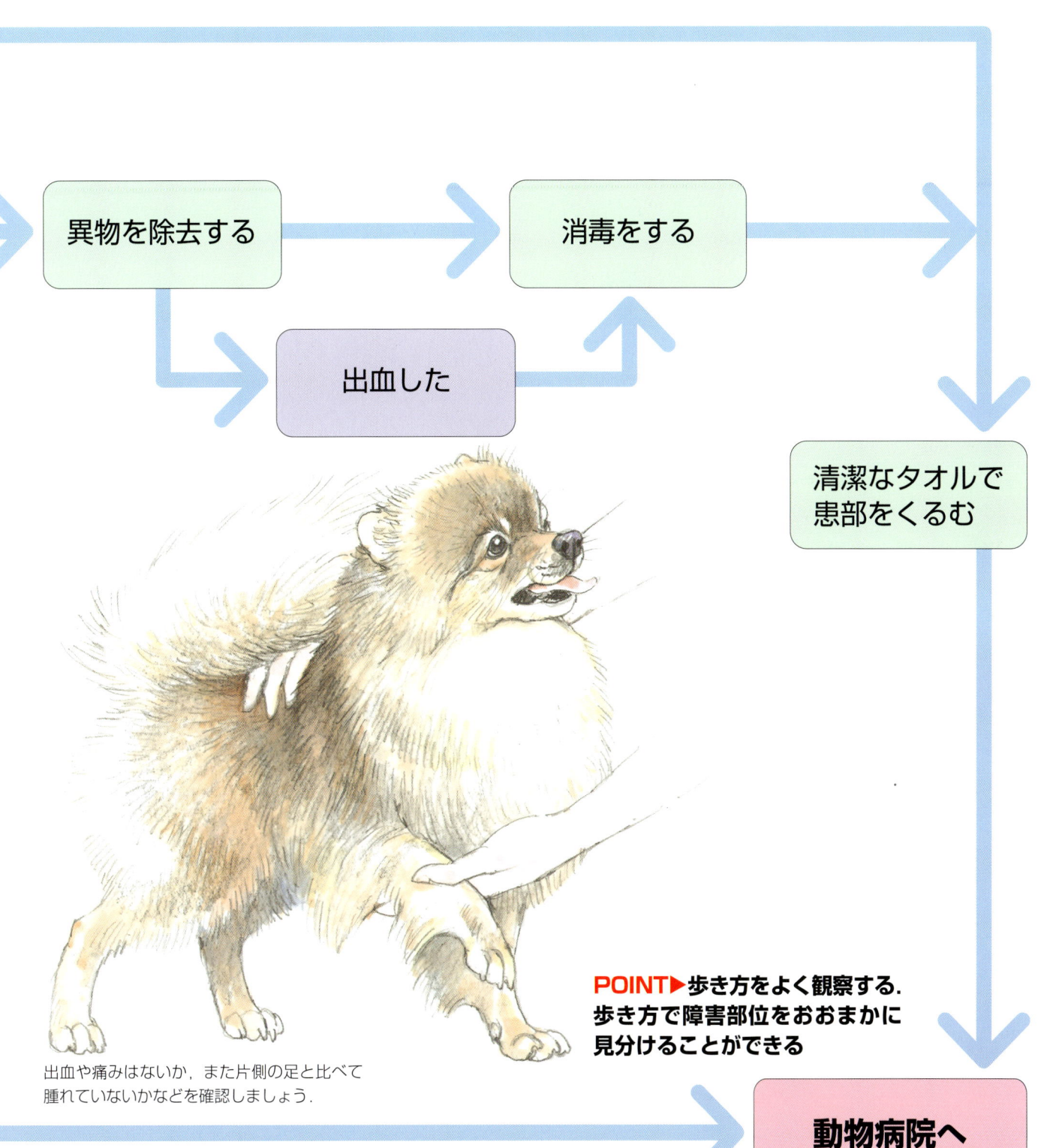

```
→ 異物を除去する → 消毒をする →
        ↓            ↑
       出血した ─────┘
                              ↓
                         清潔なタオルで
                         患部をくるむ
                              ↓
→──────────────────────→ 動物病院へ
```

出血や痛みはないか，また片側の足と比べて腫れていないかなどを確認しましょう．

POINT▶歩き方をよく観察する．歩き方で障害部位をおおまかに見分けることができる

跛行 133

▶事故ほか

落下物にあたった

大きな落下物にあたってしまった場合，外傷がなくても骨折することや，脳や首・背中の神経を痛めてしまうことがあります．直後は普通か少し元気や食欲がない程度でも，数日後に症状が出てくることもあります．病院で処置を受けても数日間はよく様子をみて安静にしてあげましょう．

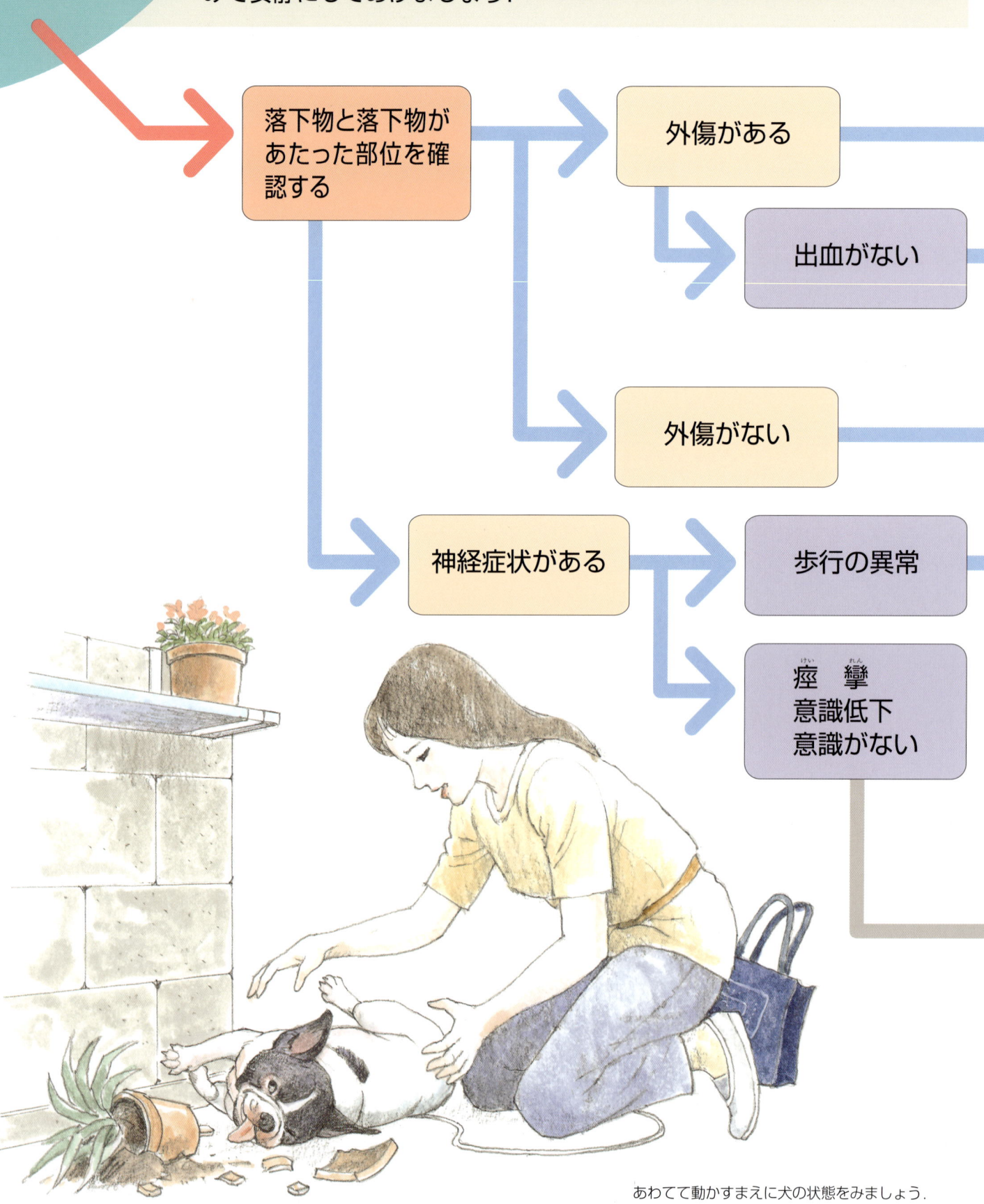

```
落下物と落下物が    →  外傷がある
あたった部位を確          ↓
認する                  出血がない

              →  外傷がない

    → 神経症状がある → 歩行の異常

                    痙攣
                    意識低下
                    意識がない
```

あわてて動かすまえに犬の状態をみましょう．

ダックスフンド，ビーグル，ウェルシュ・コーギー，フレンチ・ブルドッグやボストン・テリアなど，もともと椎間板ヘルニアをおこしやすい犬種では落下物の衝撃で症状が出てしまう可能性があるので，とくに注意が必要です．
現場に居合わせないこともあるかもしれませんが，どの程度の高さから落下し，どのくらいの大きさのものにあたり，どこにあたったのか，どのような反応があったかなど，そのときの状況を把握しておくとよいでしょう．あたった直後はびっくりして普段と様子が違うこともあります．何かおかしいと感じたら早めに動物病院へ連れて行きましょう．

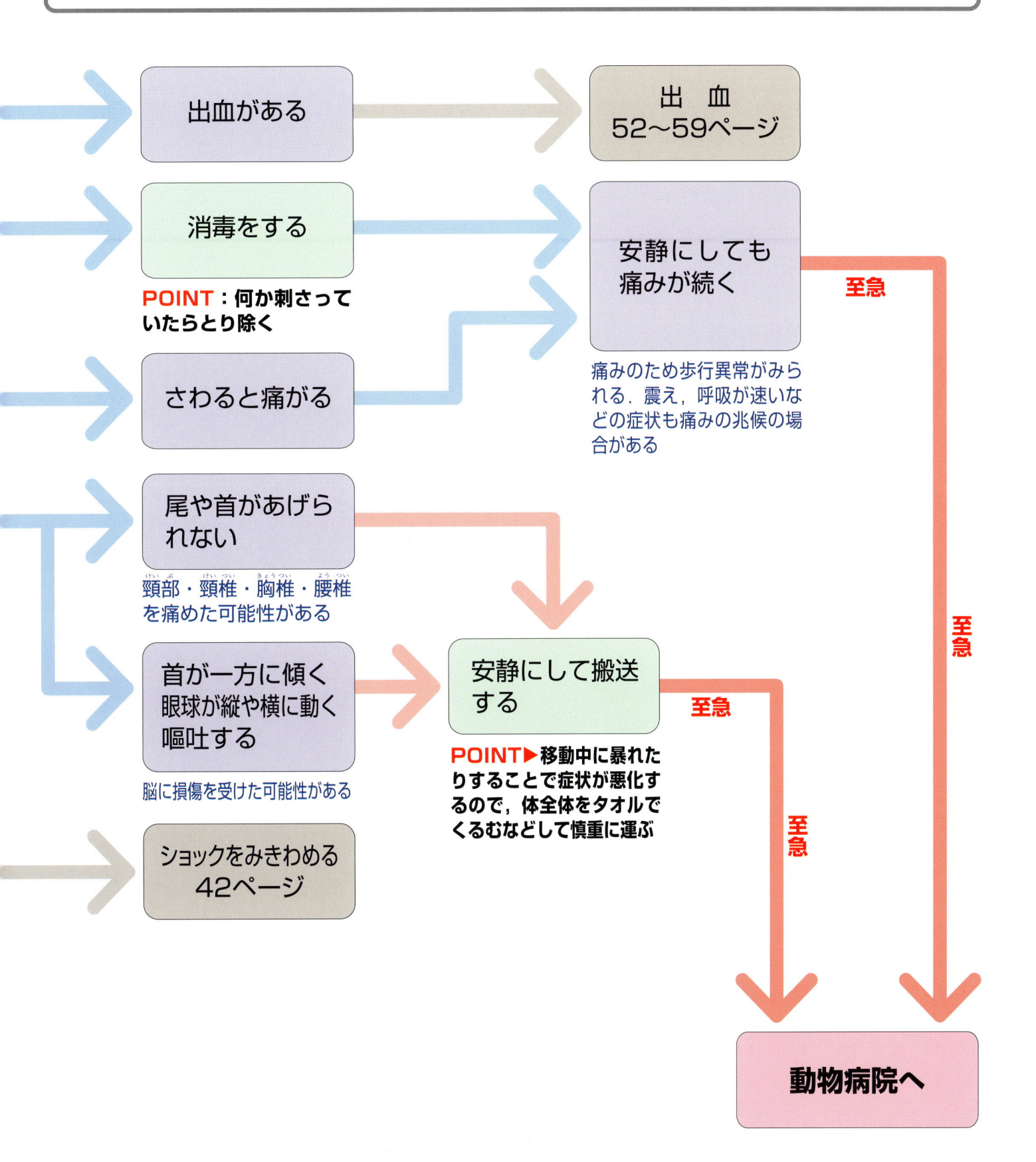

- 出血がある → **出血 52〜59ページ**
- 消毒をする
  - **POINT**：何か刺さっていたらとり除く
- さわると痛がる
  → 安静にしても痛みが続く
  痛みのため歩行異常がみられる．震え，呼吸が速いなどの症状も痛みの兆候の場合がある
  → **至急** → 動物病院へ
- 尾や首があげられない
  頸部・頸椎・胸椎・腰椎を痛めた可能性がある
- 首が一方に傾く／眼球が縦や横に動く／嘔吐する
  脳に損傷を受けた可能性がある
  → 安静にして搬送する
  POINT▶ 移動中に暴れたりすることで症状が悪化するので，体全体をタオルでくるむなどして慎重に運ぶ
  → **至急** → 動物病院へ
- ショックをみきわめる **42ページ**

落下物にあたった

交通事故

車にはねられた場合，人のほうがあわててしまいがちです．まずは落ち着いて対処しましょう．犬が興奮状態にあると，処置をしてくれる人をかんでしまうことがあるので注意しましょう．犬を動かすことができるようであれば，まずは安全な場所に移動させましょう．意識に障害があったり，ひどく痛がる場合には，とくに搬送中はできるだけ動かさないようにすることが大切です．

安全な場所へ移動 → **外傷がある**

↓

意識の確認 → **意識がある** → **外傷がない**

軽くさすりながら呼びかけ，足先をつねるなどしてみましょう．大きく動かさないように注意しましょう．

POINT▶事故の状況をきちんと把握する

興奮しているのでかまれないように

- 後肢のふらつき
- 後肢が立たない
  脊髄損傷の可能性がある
- 前肢・後肢に跛行がみられる
- 尾や首があげられない
  肩または頸部や頸椎を傷めた可能性がある
- 四肢が立たない
  脳や脊髄損傷の可能性がある
- さわると痛がる
- 安静にしても痛みが続く
- 無症状

意識がない　　**呼吸がおかしい（努力呼吸をしている）**

横隔膜ヘルニアや内臓破裂の可能性がある

至急

事故に遭ってしまったら，まず人が落ち着いて事故の状況を把握し，動物病院で説明できるようにしておきましょう．しかし，もっとも大切なことは犬を交通事故に遭わせない環境で飼うということです．敷地の外での放し飼いやノーリードでの散歩はしないようにしましょう．また，普段からとび出さないようにしつけることも大切です．

交通事故に遭った犬は，一見，何の異常もないようにみえても，目にみえない部分（内臓など）に損傷を受けている場合がありとても危険です．事故に遭ってしまったら早めに動物病院に連れて行き診察を受けましょう．
応急手当の基本については，13ページの応急手当に備えて［冷静な判断］を参照してください．

→ 出血がある → 出 血 52～59ページ

→ 出血がない → 消毒する

☞ 背中を曲げないように

毛布や板を担架の代わりにするとよいでしょう．
ただし，脊髄の損傷が考えられる場合は，板などの平らなものにのせて固定し，損傷部位を動かさないようにして運びましょう．

→ 安静にして搬送する

☞ 必要以上に動かさない

→ **動物病院へ**

至急

交通事故 137

水中に落ちた

犬が水のなかに落ちてしまったら，飼い主（人）も犬もパニック状態になっているため，冷静な判断や行動ができなくなっています．救助にあたる場合は，自分ひとりでしようとはせず，必ず複数の人で行うようにしましょう．近くに人がいるのであれば，必ず助けを求めるようにしましょう．

→ 救助 → 意識がある
　　　　 → 意識がない

◆犬を救助するには

犬がパニック状態になって，かまれてけがをしたり，抱きつかれてともに溺れてしまうことがあるので，人はなるべく水のなかに入らないようにしましょう．

犬にかまれそうなときは，犬の頭にタオルや衣服をかぶせましょう．

▶浮き輪による救助

縄をつけてたぐり寄せられるようにした浮き輪を犬に向かって投げ入れましょう．

▶板による救助

犬の近くに板をさし出し，つかまったらひきあげましょう．板以外にも水に浮くものを利用することもできます．

▶浮き輪による救助

溺れている場所が岸から離れて届かないときは，犬をよくみて近くまで接近し，なにか浮くものにつかまらせて岸までひっぱって行きましょう．

▶網による救助

小型犬のように小さくて軽い場合は，魚釣り用などの網があれば，これを持ってすくい上げましょう．

動物病院では，溺れてからどのくらいの時間が経っているかなど，そのときの状況をできるだけ詳しく話しましょう．また，溺れたところが川なのか海なのか（淡水か海水か）を必ず報告しましょう．とくに大量に水を飲んでしまった場合，淡水と海水では病態や治療が変わってくるので注意しましょう．

淡水の場合：淡水は浸透圧が低いため，水分は肺胞から血液に入り，循環血液量が増加し，血液の希釈，低ナトリウム症，高カリウム血症をひきおこします．

海水の場合：海水は浸透圧が高いため，逆に水分は血液から肺胞へ出て，循環血液量が減少し，血液の濃縮，高ナトリウム血症，肺水腫をひきおこします．

- できるかぎり水を吐かせる
- 口のなかの異物をとり除く

かまれないように

- 脈拍がある 呼吸をしている
- 脈拍がない 呼吸をしていない → 心肺蘇生法 44ページ

体温が低下している場合は体をあたためる

動物病院へ

階段のへりなどの傾斜に，頭部が低くなるように腹ばいに寝かせ，お腹や胸を押して水を吐き出させましょう．

水中に落ちた

感電した

室内犬や幼犬などが電気コードをかじって感電することがよくみられます．感電事故に遭遇した飼い主は，まずは二次感電を考慮し，あわてて犬にさわらず，ブレーカーを落とし，ゴム手袋をしてコンセントを抜きましょう．周囲の状況をよく確認する冷静な対処が必要です．そのうえで，犬の状態をよく観察して対処し，動物病院へ連れて行きましょう．

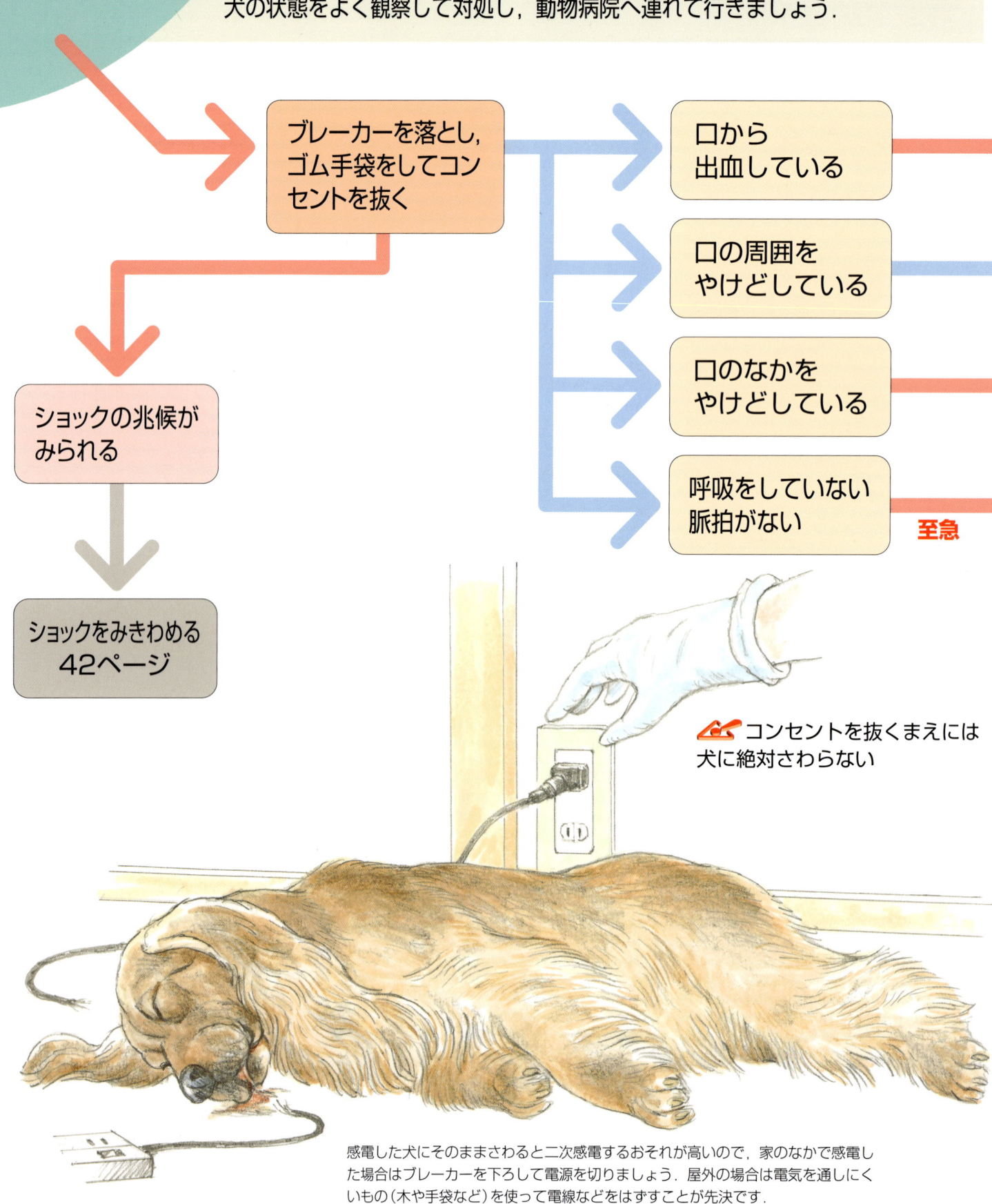

→ ブレーカーを落とし，ゴム手袋をしてコンセントを抜く

- → 口から出血している
- → 口の周囲をやけどしている
- → 口のなかをやけどしている
- → 呼吸をしていない 脈拍がない **至急**

↓ ショックの兆候がみられる

↓ ショックをみきわめる 42ページ

☞ コンセントを抜くまえには犬に絶対さわらない

感電した犬にそのままさわると二次感電するおそれが高いので，家のなかで感電した場合はブレーカーを下ろして電源を切りましょう．屋外の場合は電気を通しにくいもの（木や手袋など）を使って電線などをはずすことが先決です．

感電した犬の意識がない場合は心肺蘇生が必要となり、また意識があってもやけどがあればすぐに水などで冷やすことが必要です．震えや痙攣などはじきに治まりますが、意識がはっきりしている場合でもしばらく安静にし、必ず動物病院に連れて行きましょう．
感電後は数時間から数日後に肺水腫をおこす可能性があります．感電することにより肺水腫になると血液の液体成分が血管の外へ滲み出した状態になり、肺内に液体成分がたまるため、肺ガス交換が障害されて低酸素血症となり、呼吸困難が現れます．
肺水腫については、90，101ページを参照してください．

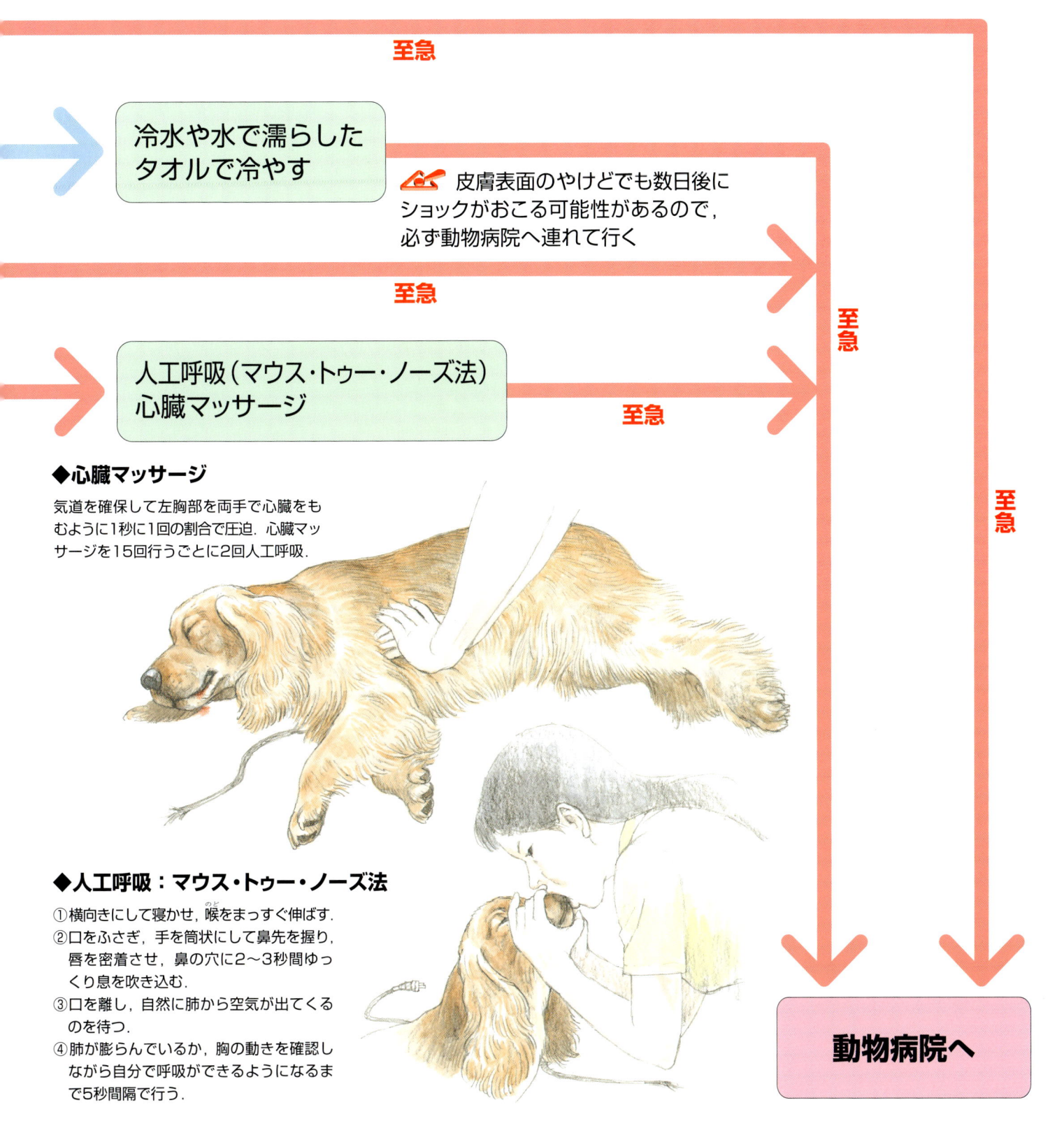

至急

冷水や水で濡らしたタオルで冷やす

皮膚表面のやけどでも数日後にショックがおこる可能性があるので、必ず動物病院へ連れて行く

至急

人工呼吸（マウス・トゥー・ノーズ法）心臓マッサージ

至急

至急

至急

◆心臓マッサージ

気道を確保して左胸部を両手で心臓をもむように1秒に1回の割合で圧迫．心臓マッサージを15回行うごとに2回人工呼吸．

◆人工呼吸：マウス・トゥー・ノーズ法

①横向きにして寝かせ、喉をまっすぐ伸ばす．
②口をふさぎ、手を筒状にして鼻先を握り、唇を密着させ、鼻の穴に2〜3秒間ゆっくり息を吹き込む．
③口を離し、自然に肺から空気が出てくるのを待つ．
④肺が膨らんでいるか、胸の動きを確認しながら自分で呼吸ができるようになるまで5秒間隔で行う．

動物病院へ

熱中症
(熱射病，日射病)

体温が高く，呼吸が速い状態で，重度の場合は意識がなく，痙攣をおこしていることもあり，早急に動物病院での治療が必要です．原因は，高温多湿の環境下での長時間の運動や散歩，炎天下での自動車内の放置などです．犬は熱中症（熱射病，日射病）になりやすく，とくに夏場は十分な注意が必要になります．

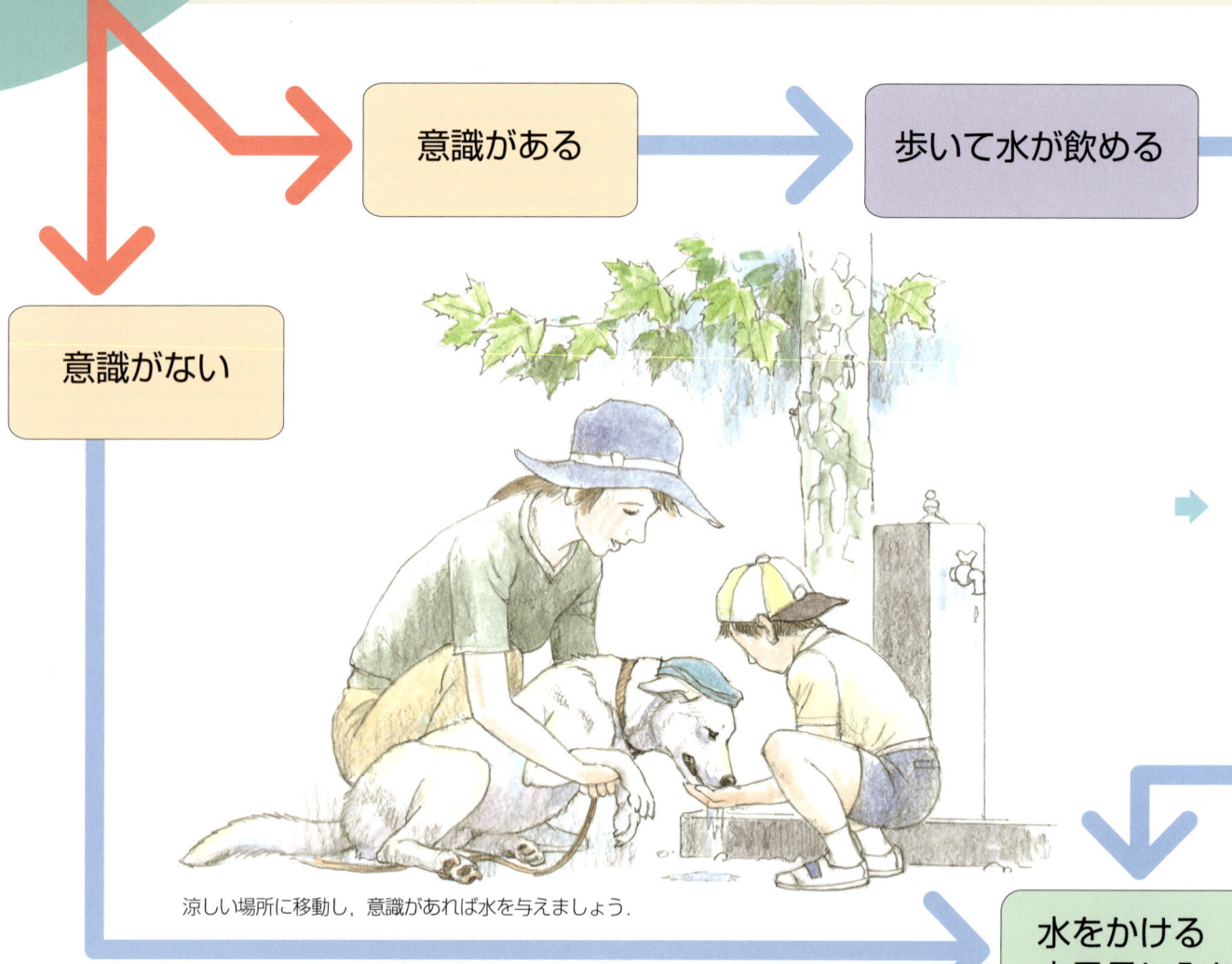

- 意識がある → 歩いて水が飲める
- 意識がない

涼しい場所に移動し，意識があれば水を与えましょう．

水をかける／水風呂に入れる

気管に入らないようにする．アフタードロップ現象*に気をつける

＊アフタードロップ現象：急激に体表血管の血液が冷えることで，冷たい血液が内臓などの深部臓器に流れ込み，冷却を止めたあとにも体温がさらに低下すること．

POINT▶状況をみながら30分以上は続けるほうがよい

衣裳ケースなどの大きな収納用品を水風呂として用いてもよいでしょう．キャスターがついていると移動にも便利です．

体温が41℃以上に上昇し，激しいよだれを流し，パンティング（あえぎ）があれば，まず熱中症（熱射病，日射病）を疑いましょう．

熱中症（熱射病，日射病）は，的確な判断と早急な対処が予後を左右することになる疾患です．ただし，吐血や血便をおこし，痙攣発作をおこしている症例の場合は予後がよくありません．また，救急処置を行うことでアフタードロップ現象がおこることがあるので，体温が下がりすぎないように，体温の測定は頻繁に行いましょう．

応急手当の際には動物病院に連絡をとり，病院の受け入れ態勢も確認しておきましょう．

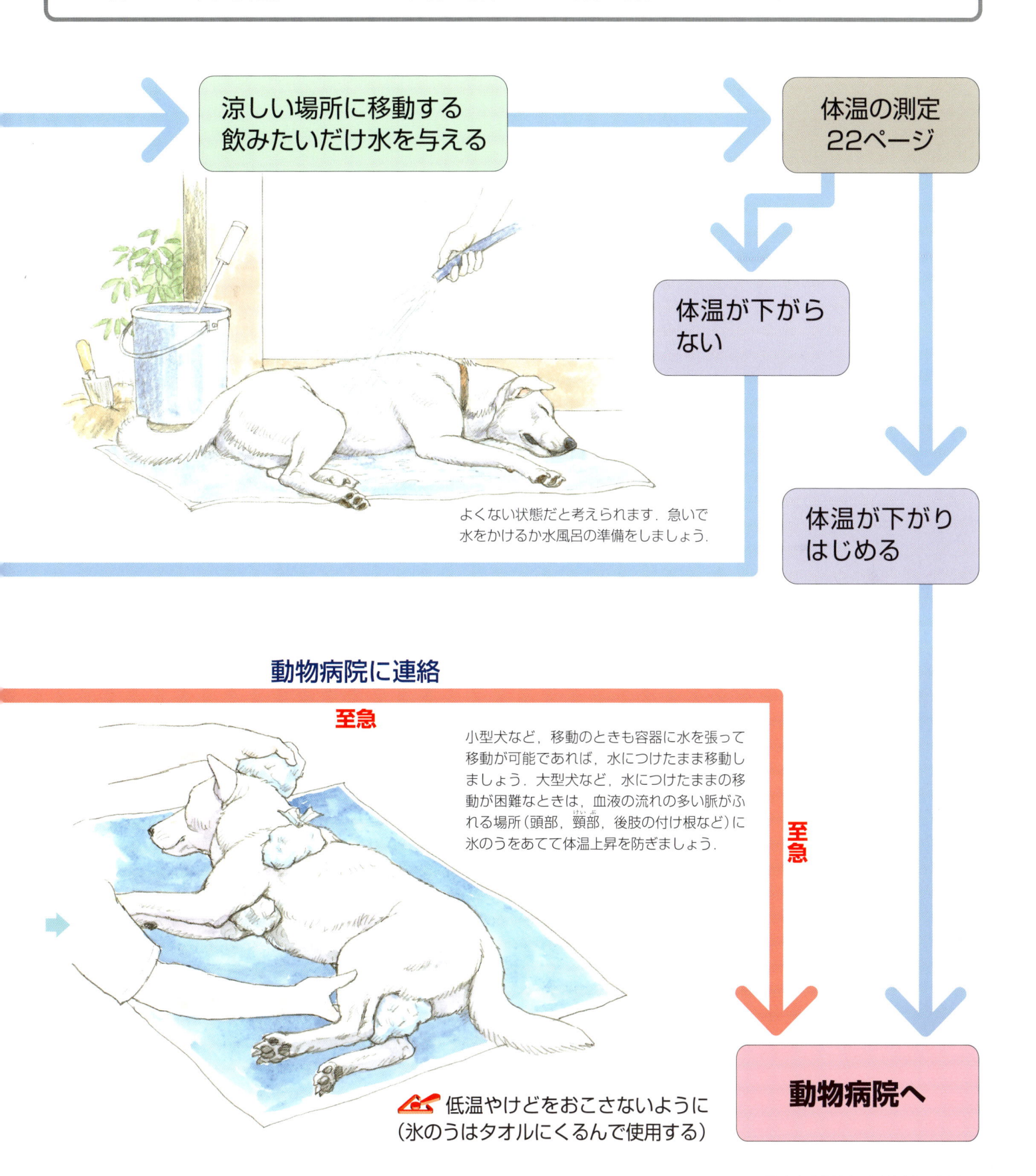

涼しい場所に移動する　飲みたいだけ水を与える → **体温の測定　22ページ**

→ **体温が下がらない**

よくない状態だと考えられます．急いで水をかけるか水風呂の準備をしましょう．

→ **体温が下がりはじめる**

動物病院に連絡

至急

小型犬など，移動のときも容器に水を張って移動が可能であれば，水につけたまま移動しましょう．大型犬など，水につけたままの移動が困難なときは，血液の流れの多い脈がふれる場所（頭部，頸部，後肢の付け根など）に氷のうをあてて体温上昇を防ぎましょう．

至急

⚠ 低温やけどをおこさないように（氷のうはタオルにくるんで使用する）

動物病院へ

熱中症（熱射病，日射病）　143

低体温

犬の低体温症は中心体温が32℃以下になる状態をいいます．原因はさまざまで，屋外飼育の老犬は免疫力や体力がないため，冬場には低体温症になりやすいものです．犬は毛におおわれていても，加齢に伴い寒さに対する抵抗力が低下してしまいます．なかでも意識損失や昏睡などの状態に陥る低体温症は，とても危険な状態なので早急に動物病院へ連れて行きましょう．

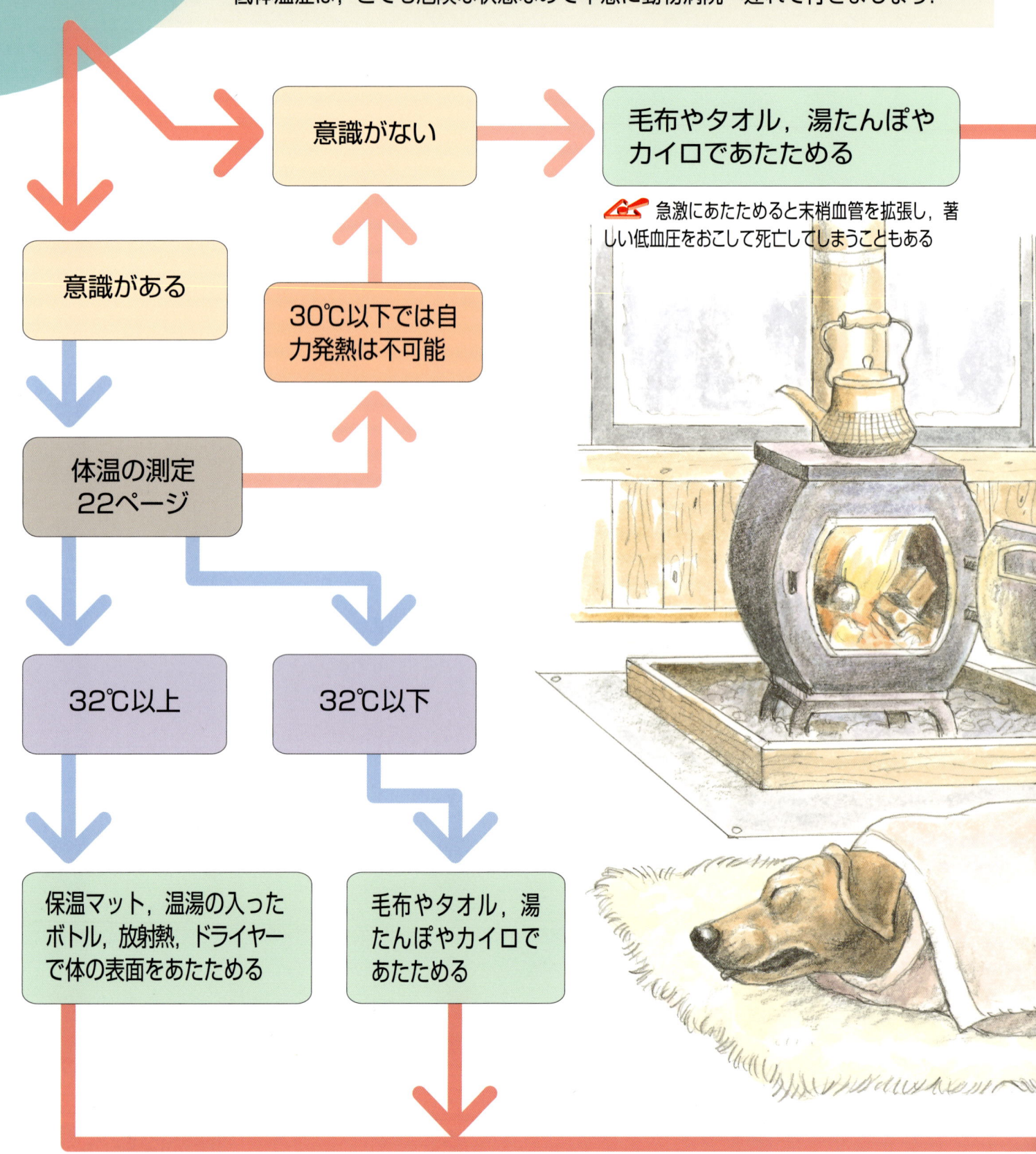

- 意識がない → 毛布やタオル，湯たんぽやカイロであたためる

  👆 急激にあたためると末梢血管を拡張し，著しい低血圧をおこして死亡してしまうこともある

- 意識がある → 体温の測定 22ページ
  - 30℃以下では自力発熱は不可能
  - 32℃以上 → 保温マット，温湯の入ったボトル，放射熱，ドライヤーで体の表面をあたためる
  - 32℃以下 → 毛布やタオル，湯たんぽやカイロであたためる

至急

高齢犬では甲状腺機能低下症との関連も指摘されていますが，冬場とくに寒くなる地方では夜間などに外気の温度が－10℃以下になると低体温症になる危険があり，屋外飼育でも夜間には家のなかに入れてあげる配慮が必要です．

- 温度中枢への神経学的フィードバックが減少し，発熱反応が抑制される．
- 心臓の拍出量がまだ低下している間に皮膚の血管が拡張してしまうと，低血圧が生じる可能性がある．
- 虚血状態の組織の血液還流が再開することで，有害な代謝産物が全身循環に押し流されて，心臓の機能をさらに悪化させることがある．

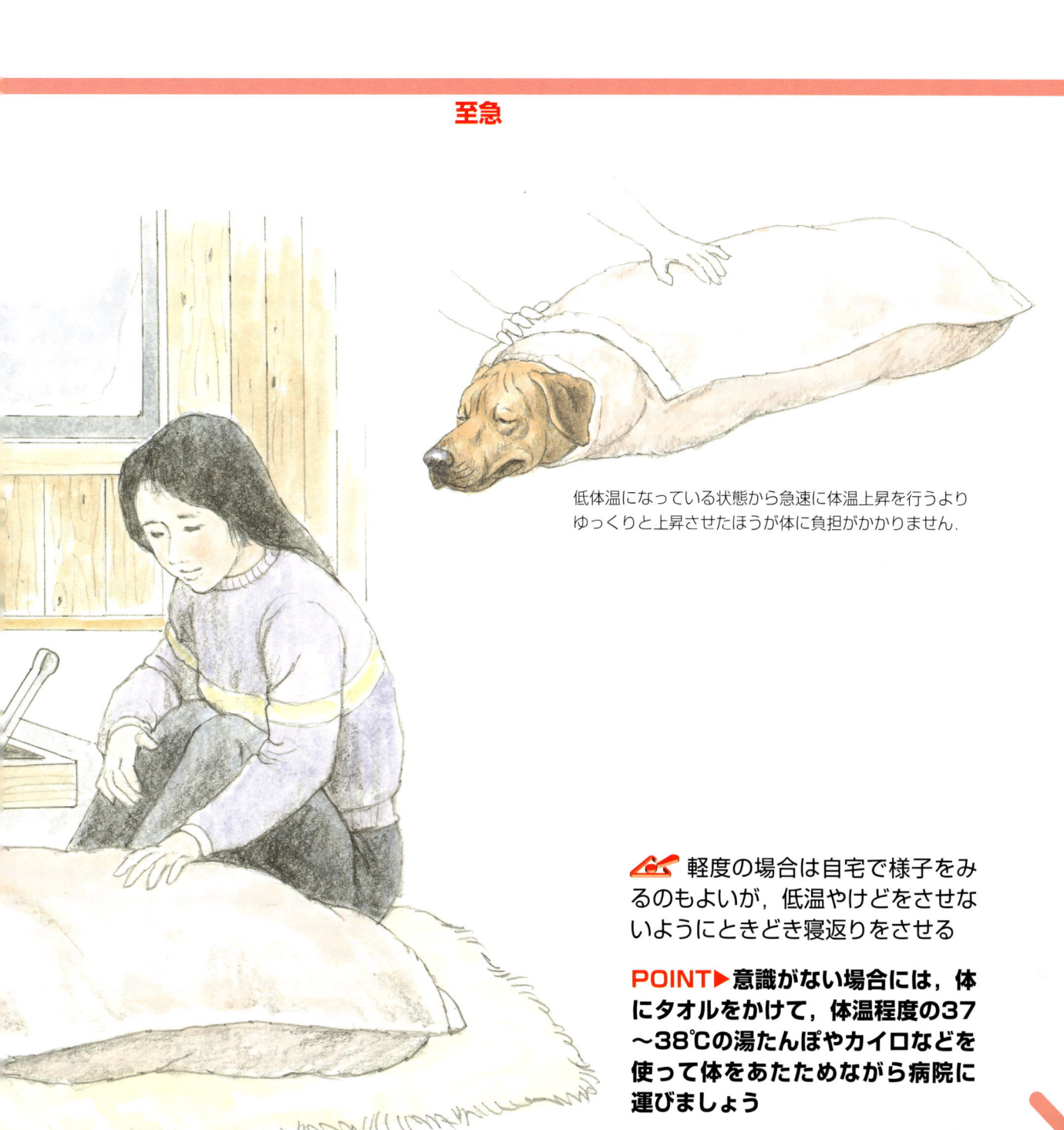

至急

低体温になっている状態から急速に体温上昇を行うよりゆっくりと上昇させたほうが体に負担がかかりません．

👉 軽度の場合は自宅で様子をみるのもよいが，低温やけどをさせないようにときどき寝返りをさせる

POINT▶意識がない場合には，体にタオルをかけて，体温程度の37～38℃の湯たんぽやカイロなどを使って体をあたためながら病院に運びましょう

至急

至急

動物病院へ

落下した

落下事故は「高エネルギー事故」といい，体に強い力が加わったことによって，出血，打撲，脱臼，骨折，内臓破裂，眼球突出，ショックなど，さまざまな状態がおこります．どんな状況にせよ，発見後は必ず動物病院へ連れて行くようにしましょう．事故直後は元気でも数時間後に生死にかかわる事態になることがあります．

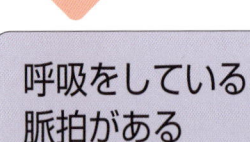

- 意識がある → **体の各部位を確認**
- 意識がない
  - 呼吸をしている／脈拍がある → **体の各部位を確認**
  - 呼吸をしていない／脈拍がない → **心肺蘇生法 44ページ**

POINT▶
落下したときの状況を思い出す
- どのくらいの高さから落ちたのか？
  → 病状の予測
- どの部位を強く打ったのか？
  → 損傷部位の特定
- 体に何か刺さっているか？
  → 刺さっていても抜かない

体の各部位を確認

一般状態	
	・痙攣→46ページ
	・嘔吐→39ページ
	・ショック→42ページ
	・貧血→50ページ
	・呼吸困難→84ページ
頭部	・眼球突出→110ページ
	・舌，歯肉→25,112ページ
	・出血→54ページ
四肢	・骨折→118ページ
	・脱臼→124ページ
	・出血→58ページ
	・外傷→26,62ページ
体幹部	・脊髄損傷→128ページ

※上記以外の症状（起立困難，眼球破裂，脳挫傷，皮下出血，内臓破裂など）がみられる場合もあります．

大至急

犬の落下事故は，人のように搬送救急システムがないので，どうしても治療が遅れがちになってしまいます．人の落下事故において「黄金の1時間，プラチナの10分」という言葉があります．これは外傷を負って病院まで搬送し，手術開始時間までが1時間以内の場合は死亡率が低いとされ，現場から出発する時間は10分以内が目標とされています．これを犬にそのままあてはめるには無理がありますが，落下事故を目撃したら，大至急，動物病院へ搬送することが救命率を上げる第一歩です．また落下事故はさまざまな状況が想定されて治療が行われるので詳しい状況を説明できるようにしておきましょう．

搬送する場合，必ず担架（担架がないときは木の板や毛布，厚手の段ボールなど）を使用しましょう．担架から落ちないように，体をベルトやタオルなどで固定しましょう．

かまれないように．
動かさない．動こうとしても動かさない

→ **安静にして搬送する** → 大至急 → **動物病院へ**

▶ヘビ咬傷・ヒキガエル接触

ヘビにかまれた
【無毒のヘビ，有毒のヘビ】

無毒のヘビ：ヘビにかまれた時点ではヘビの種類の判別がつかない場合がほとんどです．傷口からの細菌感染で化膿するのですぐに対処しましょう．

有毒のヘビ：マムシ咬傷がほとんどです．マムシの毒は傷口周辺が腫れたり出血するので，悪化させないためにふれないようにしましょう．ショック症状さえおこしていなければ命の危険性は低いので，犬を興奮させないようにしてすぐに対処しましょう．

→ 腫れが少ない（無毒のヘビ，ヤマカガシ）
特徴
・前肢をかまれる
・腫れが少ない
・出血が少ない

→ 傷口を洗浄し，消毒する

ヤマカガシにかまれた場合，腫れも痛みも少なく，すぐに症状は出ない

→ 腫れあがっている（ハブ，マムシ）
特徴
・顔面をかまれる
・牙傷がある
・激しい腫れ
・内出血
・出血が止まりにくい

→ ハ　ブ　150ページ

→ ショックの兆候がみられる

→ ショックをみきわめる　42ページ

→ 傷口にふれないように洗浄する

◆ヘビのかみ跡

● 有毒のヘビ
毒牙（注射針と同じつくりで溝がない）

▶前牙類：ハブ，マムシ
●：毒牙

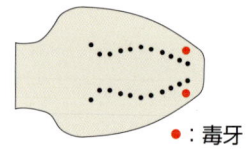

▶後牙類：ヤマカガシ
奥歯
●：奥歯

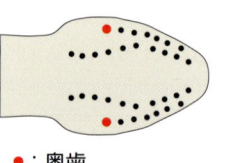

● 無毒のヘビ

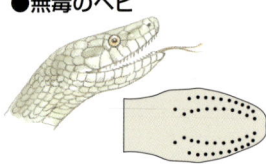

ハブとマムシは前方に1ないし2つの毒牙の跡が残りますが，なかには深くかまれていないこともあります．ヤマカガシは無毒のヘビとかみ跡が似ているので注意が必要です．かみ跡が浅ければ問題はないのですが，深いと奥歯の2つの歯根部から毒液が分泌され，出血性中毒症状が出ます．

日本全国には41種のヘビが分布し，そのうち2/3が南西諸島に生息しています．害を与える毒ヘビは，ヤマカガシ，マムシ2種，ハブ5種の計8種です．これらはすべて出血毒（局所，全身の出血傾向が亢進する）です．ヤマカガシは性格のおとなしい個体が多く，かまれることはあまりありません．たとえかまれたとしても毒腺が奥歯にあり，傷口から毒が入ることはまれです．しかし，頸部には圧迫すると飛び散るヒキガエル由来の毒（ヒキガエルを食べてその毒を蓄える）があり，口内に入ると泡をふいて吐きはじめます．ヤマカガシをみかけたら近寄らせないようにしましょう．

何を使って消毒したのかを動物病院に伝える

POINT▶興奮させないようにする

痛がる犬にかまれないように．
動かさない．動こうとしても動かさない

至急 → 動物病院へ

◆ヘビの種類

▶アオダイショウ（無毒）
- 北海道・本州・四国・九州およびそれらの属島に分布する固有種．
- 全長は110〜200cm．
- 体色は褐色がかったオリーブ色．
- 頭部は同属のヘビに比べやや角ばる．

▶ニホンマムシ（有毒）
- 北海道・本州・四国・九州およびそれらの属島に分布する固有種．
- 全長は45〜60cm．
- 体色は淡褐色で，楕円形の斑紋がある．体形は太く短い．尾が短い．
- 頭部は三角形で眼線がはっきりしている．

▶ヤマカガシ（有毒）
- 本州・四国・九州などに分布．
- 全長は100cmほどで大きいものは150cm．
- 変異が多く体色はさまざまだが，おもに褐色の地に赤や黒の斑紋が並び，首に黄色がある．体は非常にざらざらしている．

【ハブ】

ハブにかまれる部位でもっとも多いのは頭部と四肢です．かまれるとすぐに筋肉や脂肪が溶け出し，出血をおこし，腫れ上がります．数時間で内出血が広がり，その部位は壊死してしまうので，犬の症状に早く気づいてあげることが大切です．ハブ咬傷を確認したら近くにハブがいないかを確認し，民家の近くであれば，警察や役所に連絡しましょう．

▶ハブ 
- 黄褐色もしくは白みを帯びた地肌（黄金色〜銀色にもみえる）に黒色のかすり模様．頭部にも模様が入る．
- 成体全長は100〜200cmで，まれに250cmにも及ぶ．
- 体形はヒメハブに比べて細長い．
- 頭部は三角形．ヒメハブに比べると細長い三角形．

▶ヒメハブ 
- 茶色の地肌に暗色の角張った模様が入る．地肌の色彩は変異が多く，赤褐色や黒褐色とさまざま．
- 全長は30〜80cm（ハブほど大きくない）．
- 体形は太く短く，ハブに比べるとずんぐりとしている．
- 頭部は三角形．ハブに比べ幅の広い三角形．

👆 頭をかまれた場合は頭部を上げると毒が体内に移行してしまうので下げる．頸部がすでに腫れているときは呼吸しやすいように伸ばす

落ち着かせて痛がる部位を確認する → 腫れと出血の有無を確認する

POINT▶痛がる犬にかまれないようにバスタオルでくるむ

👆 血が固まっている部位はやさしくはがす．その周囲にかみ跡と内出血がないかを確認する．出血と暗紫色になった毒牙の跡が通常は2か所ある．ただし，牙によっては3〜4か所，または1か所だけのときもある

頭をかまれた → 頭を下げて搬送する

足をかまれた → 傷口を下にして搬送する

動物病院へ

ヒメハブは，ハブとは毒の種類や性質が違うため深刻な状態になることはまれですが，小型犬や子犬の場合は危険です．また成犬でもかまれる場所によっては生命の危険がある場合があります．腹部や胸部および頸部など内臓の損傷がおきやすい場所は要注意です．すぐに治療を開始することが大事です．

ヒキガエルに接触した

すべてのヒキガエルは危害を加える動物に反応して防御毒（中毒症状は軽症～重症と多様）を出します．その毒に接した犬は，粘膜から急速に毒が吸収され，数分で大量によだれを出し，激しく頭を振り，激しい嘔吐症状をおこします．重症例の場合，失明，痙攣，衰弱し，ショック兆候に陥り，死んでしまうこともあります．

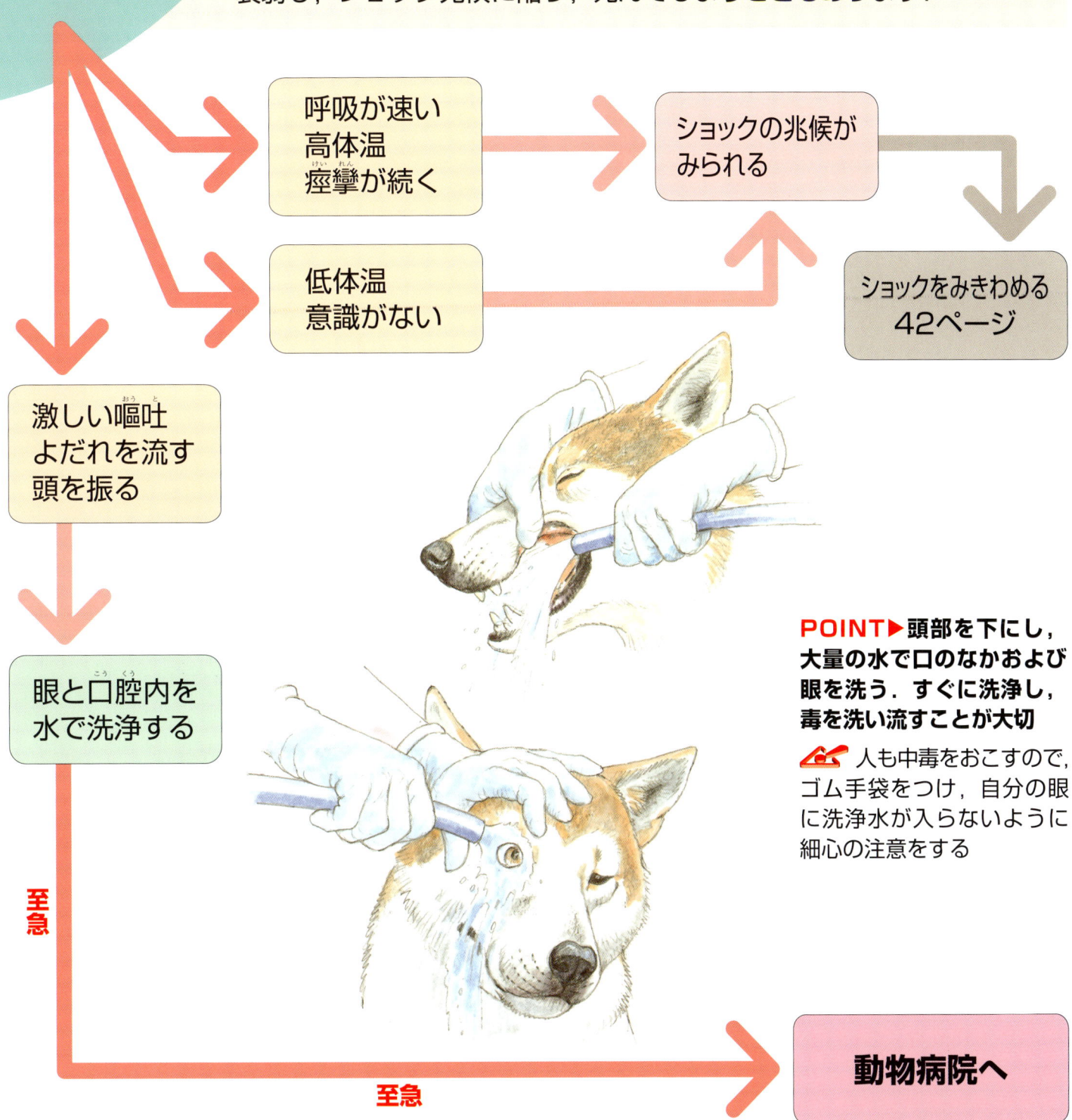

```
ヒキガエルに接触した
├→ 呼吸が速い／高体温／痙攣が続く →┐
├→ 低体温／意識がない ────────→┤→ ショックの兆候がみられる → ショックをみきわめる 42ページ
├→ 激しい嘔吐／よだれを流す／頭を振る → 眼と口腔内を水で洗浄する
└→ 至急 動物病院へ
     至急 動物病院へ
```

POINT▶頭部を下にし，大量の水で口のなかおよび眼を洗う．すぐに洗浄し，毒を洗い流すことが大切

人も中毒をおこすので，ゴム手袋をつけ，自分の眼に洗浄水が入らないように細心の注意をする

日本のヒキガエルの毒性は低いといわれています．しかし，小笠原諸島，石垣島，伊良部島，北大東島，南大東島，宮古島，西表島で外来種が帰化したオオヒキガエルでは死亡例も出ています．このオオヒキガエルは強い毒性をもっているものとそうでないものがあるようです．ヒキガエルをみたら犬を近づけないのが賢明です．

▶出産

分娩

自然交配や人工授精によって胎児が母親の子宮内で成長する期間を妊娠といいます．分娩の経過は3期に分けられ，それぞれ第1期（開口期），第2期（娩出期），第3期（後産期）とよばれます．動物病院へ依頼するタイミングは，分娩の兆候がみられた時点と分娩に問題がありそうなときです．すぐに連絡をしましょう．一度診察を受ければ解決の糸口がみつかります．分娩時に関しては様子をみるというのはよいことではありません．

▶フェザーリング

肛門
陰門

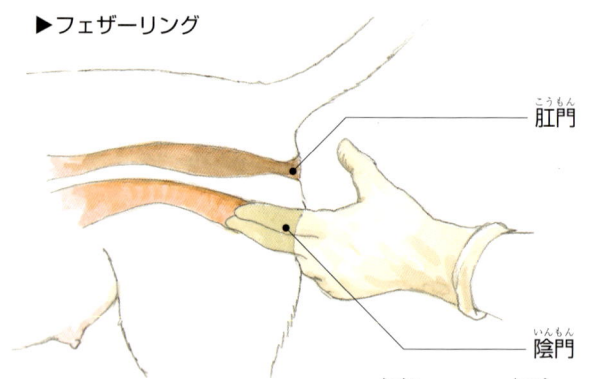

陣痛が弱い場合には指を1本または2本を腟内に挿入して腟壁に力を加えることによって陣痛を誘起して分娩を促進する．

分娩の兆候
- 食欲低下
- 営巣行動（巣作り行動）
- 落ち着きがなくなる
- 排尿回数の増加，尿は少ない
- 体温低下

ショックの兆候がみられる

陣痛微弱 → フェザーリング（背部腟壁の刺激による子宮運動の促進）

POINT▶あわてないこと
破水の確認

胎児が子宮内で十分に成長し，外部で生存ができる状態になると分娩がおこります．正常分娩の経過を知っておくと異常分娩の対応が早くできます．

ショックをみきわめる 42ページ

犬の基本的な妊娠期間は約63日ですが，発情期中の交尾や人工授精の時期により58〜66日と幅があります．実用的にもっとも早く妊娠診断ができるものは超音波検査です．

妊娠が確定し，出産予定日が近づいたら産室を用意します．出産予定日が近づいているかどうかを判断する基準のひとつとして体温があります．分娩予定の1週間くらいまえから朝と夜の1日2回，可能なら1日3回，同じ時間帯に直腸温を測りましょう．この場合，その犬の通常体温を知っておく必要がありますが，分娩22時間くらいまえから直腸温が1〜1.5℃下がると分娩の目安になります（分娩の予知）．

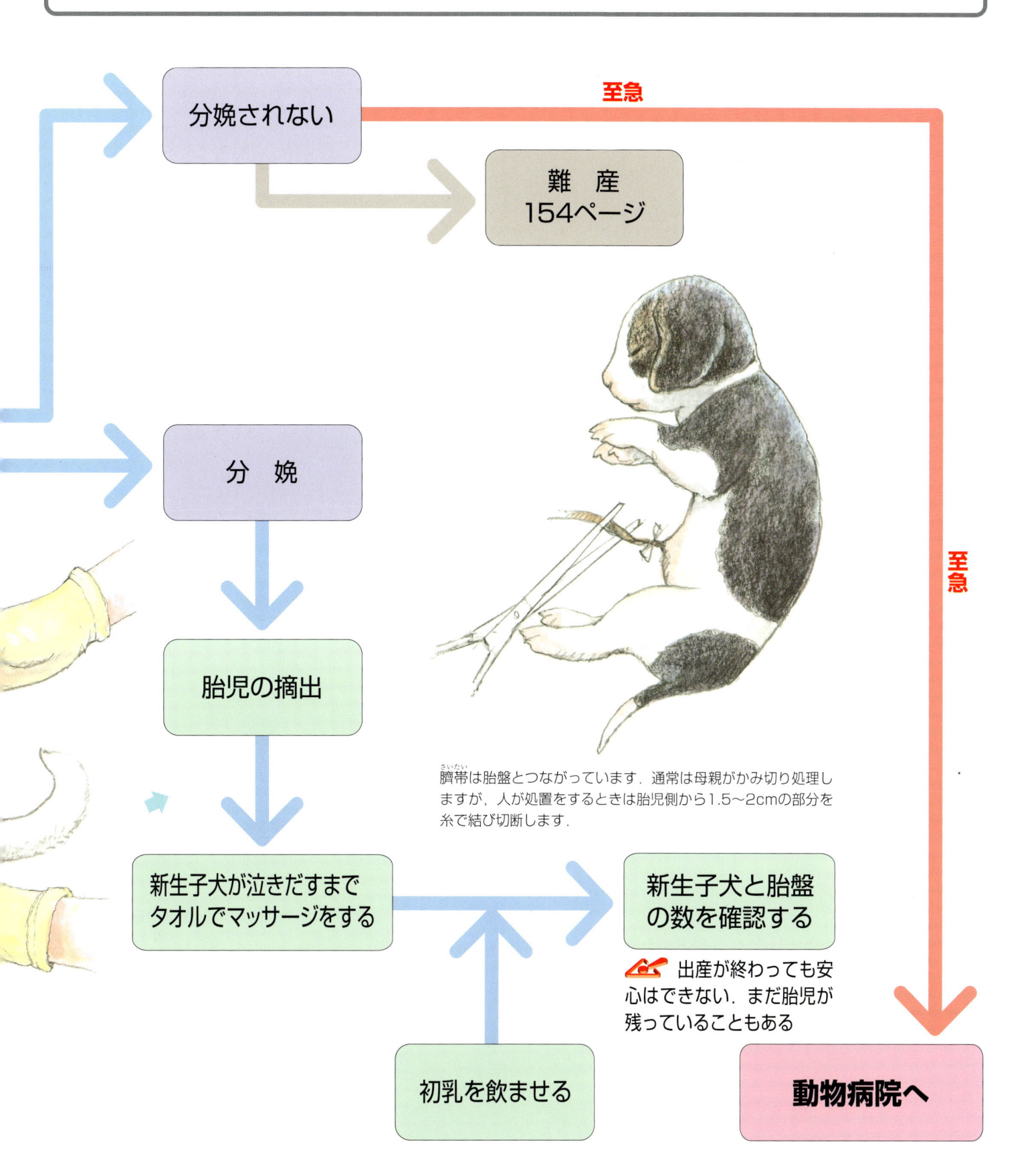

```
分娩されない ──至急──────────────┐
     │                              │
     └──→ 難産 154ページ            │
                                    │
分娩                                 │
 │                                  │
 ↓                                  │
胎児の摘出                          │
 │                                  │
 ↓                                  │
新生子犬が泣きだすまで ──→ 新生子犬と胎盤
タオルでマッサージをする      の数を確認する
     ↑                              │
     │                       出産が終わっても安
初乳を飲ませる                心はできない．まだ胎児が
                             残っていることもある
                                    │
                              ──至急──→ 動物病院へ
```

臍帯（さいたい）は胎盤とつながっています．通常は母親がかみ切り処理しますが，人が処置をするときは胎児側から1.5〜2cmの部分を糸で結び切断します．

難産

分娩の過程で人の手助けや医学的な処置をしなければ分娩不可能で，母体と胎児に危険が及ぶおそれのある状態を難産といいます．おかしいな，と感じた時点ですぐに動物病院に連絡し，帝王切開手術の可能性も考慮して連れて行きましょう．難産のときは様子をみている時間はありません．あわてないように落ち着いて対処しましょう．

難産の目安
- 長引いている妊娠期間
- 胎児の頭や足が途中までしか出ていない
- 陣痛はあるが，胎児が出てこない
- 次に産まれてくる胎児が出てこない
- 破水して液体が出ている

→ 分娩の補助

→ 子宮脱 114ページ

ショックの兆候がみられる

POINT▶ あわてずに動物病院に連絡

ショックをみきわめる 42ページ

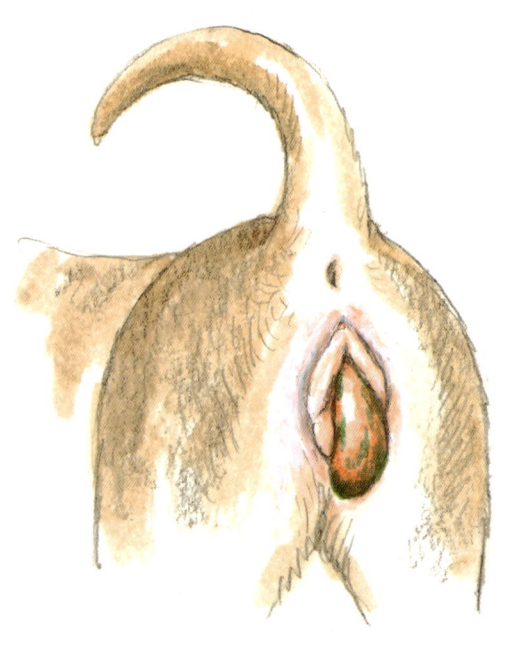

胎児が子宮内で十分に成長し，外部で生存ができる状態になると分娩がおこります．正常分娩の経過を知っておくと異常分娩の対応が早くできます．

難産の兆候として深緑色（ウテロベルジン）の漏出した分泌物がみられるときには，帝王切開を考慮しなければなりません．

難産がおこりやすい犬種は，小型犬や短頭種，広頭種，また骨盤腔の狭い犬種です．また，肥満，栄養不良，中・高齢犬，運動不足も難産が生じやすいです．難産の判断は動物病院に依頼するわけですが，なるべく早いタイミングで電話をするのがよいでしょう．難産を避けるためには，遺伝性疾患や骨盤の変形している犬は不妊手術を受けさせましょう．また，小型犬で胎児数が多い場合や胎児が大きく育ちすぎる場合などは高い率で難産となるので，あらかじめ帝王切開を予定しておきましょう．動物病院への相談は交配前からはじまります．交配適期，妊娠診断と続き，出産時のアドバイスをもらっておきましょう．

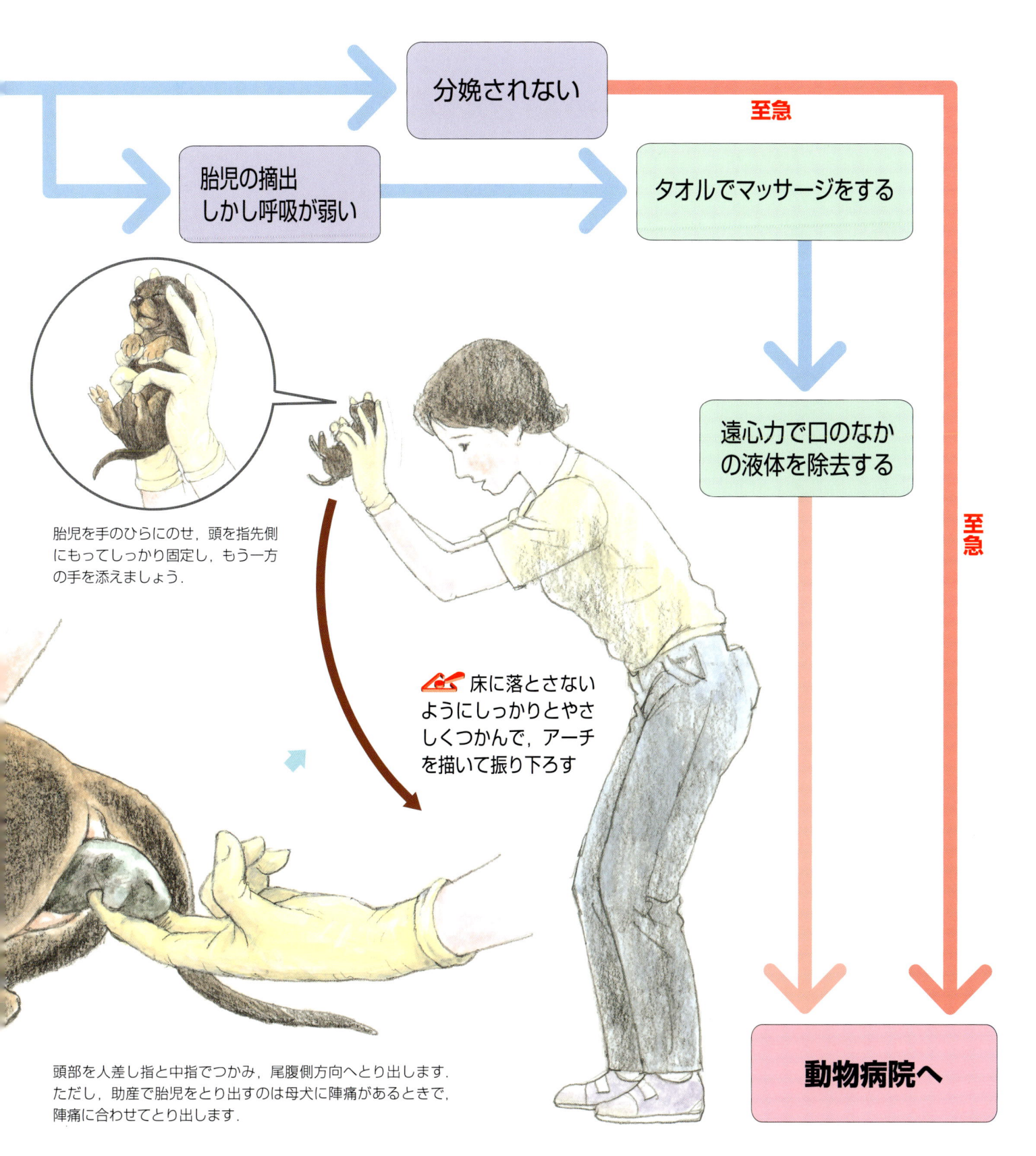

```
                    → 分娩されない ─────────至急──────┐
                  ↑                              ↓
  → 胎児の摘出 ──────────────────→ タオルでマッサージをする
    しかし呼吸が弱い                       ↓
                                   遠心力で口のなか
                                   の液体を除去する
                                          ↓
                                         至急
                                          ↓
                                      動物病院へ
```

胎児を手のひらにのせ，頭を指先側にもってしっかり固定し，もう一方の手を添えましょう．

床に落とさないようにしっかりとやさしくつかんで，アーチを描いて振り下ろす

頭部を人差し指と中指でつかみ，尾腹側方向へとり出します．ただし，助産で胎児をとり出すのは母犬に陣痛があるときで，陣痛に合わせてとり出します．

人にも感染する犬の病気
(人獣共通感染症)

●狂犬病

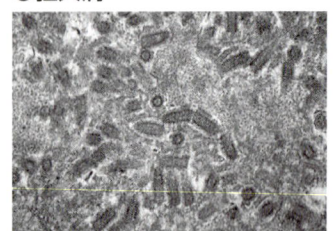

狂犬病ウイルスの電子顕微鏡写真

人獣共通感染症中でもっとも危険な感染症で,すべての哺乳動物に感染する.狂犬病ウイルスは唾液中に出現し,狂犬病の犬にかまれることによって感染する.狂犬病の犬は攻撃性が強くなり,異常にほえたり,口から過剰によだれ(流涎)を垂らしたりするが,しだいに虚脱し麻痺がおこる.犬が感染すると治療法はなく,100%死亡する.現在,日本国内での発症はないが,多くの海外諸外国で毎年発生しているので,海外に行った際には動物(野生動物を含む)にはむやみに接触しないように注意する.

●レプトスピラ症

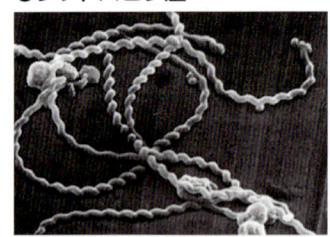

病原性レプトスピラの電子顕微鏡写真

レプトスピラという細菌によっておこる病気で,おもにネズミが媒介し,野山や川にも細菌は存在する.犬では,住居内にネズミが侵入して餌入れを汚染される場合や,野山に犬を連れて行って川遊びや川の水を飲んで感染することがある.風邪に似た症状を示すことが多いが,症状を示さない場合もある.重篤な場合では死亡する例もある.犬からの感染は,犬の排泄物との接触,食べ物の口移しである.人での症状も風邪に似ているが重症化する場合もあるので,犬にレプトスピラ症が疑われた場合は,すぐに動物病院で診察を受けること.犬ではレプトスピラに対するワクチン接種で予防が可能である.齧歯類は発病することはないが,保菌率が高いので,ハムスターなどと犬をともに飼育している場合は予防接種を考慮すること.

●ジアルジア症

ジアルジアの電子顕微鏡写真

ジアルジアという細菌は土壌や水にあり,犬は汚染された川や土から感染することがある.犬では下痢をおこし,人も犬の排泄物から感染することがあるので,犬の排泄物にふれたあとは必ずよく手を洗う.ジアルジアに感染しても症状を現さない場合があるが,川遊びや野山に行ったあとで下痢をした場合は動物病院で診察を受けること.

【犬にかまれる】

●パスツレラ症

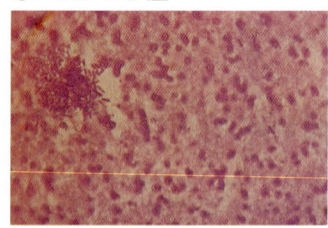

パスツレラ属菌

ペットの数が増えたため,人獣共通感染症のなかでも発症率が高くなった病気である.パスツレラという細菌は,犬の口のなかや爪に存在し,人への感染は犬にかまれたり,ひっかかれたりすることによっておこる.かまれたりしたときは,傷口をしっかり消毒する.その後も異常(傷口が異常に腫れる,傷口周囲の筋肉痛のような痛みがある,局所性にリンパ節が腫れる(激痛))が認められる場合は動物病院で診察を受けることが望ましい.

●破傷風

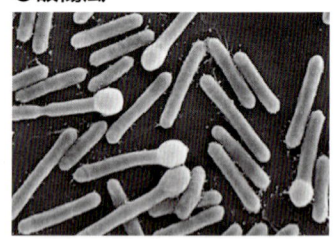

破傷風菌の電子顕微鏡写真

土壌に存在する破傷風菌が,傷口から感染して発症する.破傷風菌は致死率が90%と強烈な神経毒を産生する.傷口付近のこわばりや倦怠感からはじまり,菌が全身にまわると手足の硬直や痙攣がおこる.基本的には動物からの感染はないとされているが,かまれた犬の口腔内に土がついていることもあるので,破傷風も考慮する.ワクチンが非常に効果的である.

【犬との直接接触による】

●皮膚糸状菌症（皮膚真菌症）

カビ（糸状菌または真菌とよばれる）が皮膚に感染しておこる皮膚病．皮膚がカサカサしたり，ふけが多くなったり，毛が円形に抜けることがある．治療法としては，内服薬や外用薬の塗布，その他薬浴などがあり，完全に治療するには時間がかかる．予防には感染した犬との接触に注意し，犬の寝床や住居を清潔に保つ．ヨード剤などの消毒薬も効果があるといわれている．健康な人への感染はあまりないが，子どもや免疫力が低下（全身性に，局所的に）している場合には感染する可能性がある．犬の皮膚に異常がみられたら，早期に動物病院に連れて行く．

●ノミ・ダニ

イヌノミ成虫（雄）SEM像

犬体表の落屑中に見られる多数のイヌニキビダニ

ノミによって犬はノミアレルギー性皮膚炎だけでなく寄生虫（条虫）が感染することがある．犬の肛門から米粒のような寄生虫が出てきたら，条虫の感染が疑われるので，動物病院に相談し，ノミの駆除をする．また，犬にノミがいた場合はすぐに動物病院に連れて行って駆虫処置を行う．ノミを指でつぶすと，なかから卵やアレルギー物質が出てくることが多いので，水道水で流すかアルコールに浸ける．またティッシュペーパーやビニールの密封袋に包んで外に逃げないようにして捨てる．ダニが寄生した場合も手でとらずに動物病院に連れて行く．無理やり手でとると，頭部だけが犬の皮膚に残ってしまうことがある．ノミやダニに犬が感染した場合は住居を清潔に保つ．

●ブルセラ症

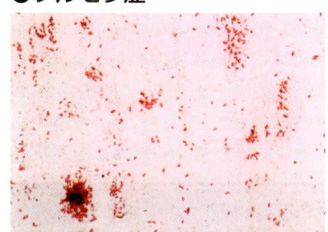

ブルセラ菌

ブルセラという細菌によっておこり，血液や尿あるいは乳汁を含む体液を介して感染する．症状は呼吸器の炎症症状や流産がみられる．犬から人への感染はまれだが，報告例は少なくない．ブルセラ症の犬の血液や体液と接触すると感染の恐れがある．犬にブルセラ症の疑いがある場合はすぐに動物病院で診察を受けること．

【下痢】

●カンピロバクター症

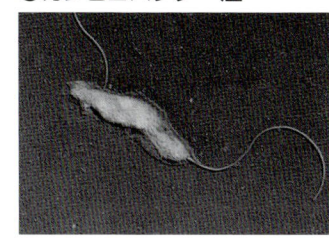

カンピロバクターの電子顕微鏡写真

カンピロバクターとよばれる細菌が原因で，犬の糞中にあり，下痢や発熱などの症状をおこすが，犬は必ずしも症状をおこさない．犬の排泄物から人へも伝播するので，犬の排泄物をさわったあとは必ず手をよく洗う．免疫が低下している人にはとくに注意を要する．犬が下痢をしている場合は，動物病院で診察を受けること．

●寄生虫

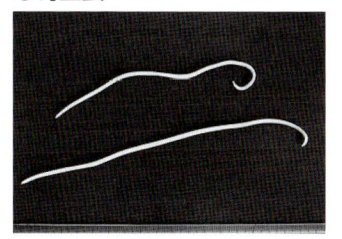

犬回虫　雌雄虫体

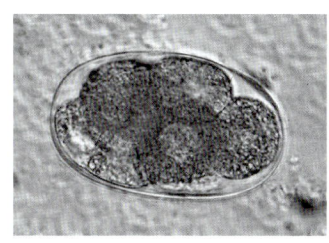

犬鉤虫卵

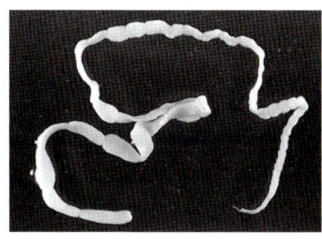

瓜実条虫（犬条虫）

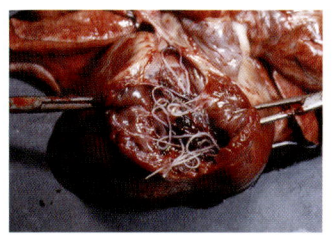

犬の心臓にみられる犬糸状虫

犬で多くみられる内部寄生虫性疾患には回虫・鉤虫・条虫の寄生がある．犬の糞中に白い糸状のものや米粒状のもの，あるいは下痢をしているようだったら，すぐに動物病院で糞便検査をしてもらう．また，犬の排泄物を誤飲すると，人にも感染するので，犬の糞に接触したあとは必ず手をよく洗う．

索引

【あ】

アオダイショウ　149
足
　——の骨折　118〜123
　　　　前肢　118
　　　　後肢　122
　——の出血　58
足裏の出血　63
頭の出血　54
（犬の）扱い方　16〜18
アナフィラキシーショック　70
アフタードロップ現象　142
歩き方の異常　132，134
胃拡張・捻転症候群　80
意識の確認　44
一次口蓋裂　113
異物を飲む
　気道内　82
　口腔内　111
　食道内　78
　日用品，食品など　94，95
陰茎突出　117
液剤の飲ませ方　32
エリザベスカラー　17，103
　——がないとき　105
応急担架　14
応急手当
　——に備えて　12
　——に必要なもの　11
　——の目的　10
嘔吐　39
尾の出血　58

【か】

開放性骨折　120
化学傷　68
化学薬品（やけど）　66
鉤爪の構造　72
角膜炎　106
角膜潰瘍　106
カプセルの飲ませ方　30
かゆがる　74
（犬の）体
　外部形態　2
　骨格系　2
　内臓系（雄）　3
　内臓系（雌）　3
　——の観察　6
眼球突出　104，110
眼球内圧の上昇　108
乾性角結膜炎　106
間代性痙攣　46
貫通創（眼の外傷）　104
感電　140
カンピロバクター症　157
寄生虫　157
気道
　——内の異物　82
　——の確保　44，85，88
偽妊娠　116
救急箱　11
狂犬病　156
強直性痙攣　46
胸部の出血　58
駆血（圧迫止血）　59
薬　11，30〜35
　常備薬　11
　——の投与方法　30〜35
　　液剤　32
　　カプセル　30
　　粉剤　31
　　錠剤　30
口
　——の出血　56
　——のなかの異物　111
口輪　17
首の出血　56
痙攣　46
結膜　25
下痢　38

口蓋の異常　113
口蓋裂　113
口腔内の異物　111
口腔粘膜　25
咬傷
　ハブ　150
　ヘビ　148
　耳　28
交通事故　13，136
肛門嚢　77
肛門嚢炎　76
呼吸　24
　——の確認　44
呼吸困難　84，99
　心臓病の場合　99
骨折　118〜123
股動脈の触知　44
粉剤　31
　耳　35
昏睡　47

【さ】

細菌性膀胱炎　93
刺し傷　64
酸素テント　98，99
ジアルジア症　156
CRT（capillary refill time）　23，112
飼育環境　4，5
CPR（Cardio-Pulmonary Resuscitation）法　44
自潰（膿瘍）　60
子宮脱　114
刺激物接触による創傷　68
止血剤　73
舌のチェック（粘膜）　25
失神　48
失明　108
歯肉
　——の異常　112
　——の色の変化　112

——のチェック（粘膜）　25
習慣　8
出血　52〜59
　足　58
　足裏　63
　頭　54
　尾　58
　胸部　58
　口　56
　首　56
　爪　58，72
　鼻　56
　腹部　58
　耳　54
　眼　54
　大量の——　52
出血時の移動　52
出産　152〜155
錠剤の飲ませ方　30
消毒（創傷）　26
常備薬　11
食餌　7
食道内の異物　78
ショックのみきわめ　42
人工呼吸　45，89，141
心臓　101
　——の位置　45
心臓病　98〜101
　呼吸困難　99
　咳　98
　卒倒　101
　努力呼吸　100
心臓マッサージ　45，88，141
心肺蘇生法　44
水晶体脱臼　104
水晶体の白濁　108
水中からの救助　138
すり傷　62
咳　86，98
　心臓病の場合　98

脊髄損傷　128
脊髄の病気　130
脊椎の構造　131
前立腺肥大症　93
創傷　26
　刺激物接触　68
　毒物接触　68
　非感染性の——　28
　——の種類　26
僧帽弁閉鎖不全症　100
掻痒　74
副木　21
即時型アレルギー反応　70
即時型過敏症（Ⅰ型）　96
卒倒（心臓病の場合）　101
損傷の種類　63

【た】
体温　22
体重測定　8
大量の出血　52
（犬の）抱き方　52
脱臼　124〜127
　前肢　124
　後肢　126
ダニ　157
食べ物　7
タマネギ中毒　7
単純骨折　118
チアノーゼ　98
　——の原因　112
遅延型過敏症（Ⅳ型）　96
（犬への）近づき方　16
窒息　88
膣脱　114
チョコレート中毒　7
椎間板ヘルニア　131
椎骨の構造　131
爪
　——が刺さる　72

　——の異常　72
　——の出血　58，72
爪切り　73
低体温（症）　144
点眼液をさす　33
点耳液をさす　34
凍傷　69
糖尿病　49
頭部の包帯法　55
毒物摂取　94
毒物接触による創傷　68
吐出　40
ドライアイ　106
努力呼吸（心臓病の場合）　100

【な】
内出血　53
難産　154
二次口蓋裂　113
日射病　142
ニホンマムシ　149
尿　92
尿閉　92
尿路結石症　93
熱射病　142
熱傷　66
　——のレベル　66
熱中症　142
熱湯熱傷　66
粘膜（舌，歯肉，頬，眼）　25
膿瘍　60
ノミ　157

【は】
肺水腫　90，101
排尿困難　92
吐く　39，40
跛行　132
（犬の）運び方　12，19，129
　後肢麻痺の小型犬　129

破傷風　156
パスツレラ症　156
はさみの使い方　26, 68
ハチに刺される　71
鼻
　——の出血　56
　——を冷やす　57
ハブ　150
歯磨き　8
非感染性の創傷　28
非貫通創　104
ヒキガエル　151
　——の毒　149
皮膚糸状菌症（皮膚真菌症）　157
ヒメハブ　150
貧血　50
フェザーリング　152
複雑骨折　120
副子　21
腹部の出血　58
副木　21
ブルセラ症　157
分娩　152
閉鎖性骨折
　前肢　118
　後肢　122
ヘビ　148〜150
　——のかみ跡　148
変形性脊椎症　131
便秘　41
包帯　20
　足　59
　足裏　63
　頭　55
　胸部　59
　首　57
　腹部　59
　耳　55
　眼　55
　——の巻き方

前肢　124
後肢　126
乏尿　92
頬のチェック（粘膜）　25
保温　22, 144
保定の仕方　18

【ま】
マウス・トゥー・ノーズ法　45, 89, 141
水に落ちる　138
耳
　——の外傷　102
　——の感染　102
　——の咬傷　28
　——の構造　34
　——の出血　54
　——の掃除　35
　——への投与（薬）　34, 35
耳軟膏を塗る　35
脈拍　23
虫さされ　70
無毒のヘビ　148
無尿　92
眼
　貫通創　104
　水晶体脱臼　104
　非貫通創　104
　——に異物が入る　104
　——の外傷　104
　——の構造　106
　——の出血　54
　——のチェック（粘膜）　25
　——への投与（薬）　33
眼軟膏を塗る　33
毛細血管再充満時間　23, 112

【や】
薬物過敏症　96
やけど（化学薬品，油性製品）　66
ヤマカガシ　149

有毒のヘビ　148
油性製品（やけど）　66

【ら】
落下　146
落下物にあたる　134
緑内障　108
レプトスピラ症　156
狼爪　72

編者紹介

安川明男（やすかわあきお）
日本獣医畜産大学大学院獣医学研究科修了
東京医科歯科大学大学院医歯学総合研究科修了
　現　在　西荻動物病院　相談役，上石神井動物病院　顧問

今井康仁（いまいやすひと）
北里大学大学院獣医外科学研究科修了
　現　在　白神動物診療所　所長

左向敏紀（さこうとしのり）
日本獣医畜産大学獣医畜産学部卒業
　現　在　日本獣医生命科学大学獣医学部　教授

宮原和郎（みやはらかずろう）
帯広畜産大学大学院畜産学研究科修了
　現　在　帯広畜産大学動物医療センター　教授

NDC 649　　166p　　30cm

イラストでみる犬の応急手当（いぬのおうきゅうてあて）

2009年11月20日　第1刷発行
2020年 2月20日　第2刷発行

編　者	安川明男，今井康仁，左向敏紀，宮原和郎
発行者	渡瀬昌彦
発行所	株式会社　講談社
	〒112-8001　東京都文京区音羽2-12-21
	販　売　（03）5395-4415
	業　務　（03）5395-3615
編　集	株式会社　講談社サイエンティフィク
	代表　矢吹俊吉
	〒162-0825　東京都新宿区神楽坂2-14　ノービィビル
	編　集　（03）3235-3701
印刷所	凸版印刷株式会社
製本所	大口製本印刷株式会社

落丁本・乱丁本は購入書店名を明記のうえ，講談社業務部宛にお送りください．送料小社負担にてお取替えします．なお，この本の内容についてのお問い合わせは，講談社サイエンティフィク編集部宛にお願いいたします．定価はカバーに表示してあります．

© A. Yasukawa, Y. Imai, T. Sako and K. Miyahara, 2009

JCOPY 〈(社)出版者著作権管理機構　委託出版物〉
本書の無断複写は著作権法上での例外を除き禁じられています．複写される場合は，そのつど事前に，(社)出版者著作権管理機構（電話 03-5244-5088, FAX 03-5244-5089, e-mail: info@jcopy.or.jp）の許諾を得てください．

Printed in Japan
ISBN978-4-06-153725-5

講談社の自然科学書

イラストでみる 犬の病気
The Atlas of Dog Diseases

編集
小野 憲一郎／今井 壯一／
多川 政弘／安川 明男／
後藤 直彰

- A4変型・164頁 オールカラー
- 本体4,400円

犬はどのような病気にかかるのだろうか。治るのだろうか。日常的によくみられる犬の病気を、オールカラーのイラストと写真320点で図解。犬の病気について、獣医師から説明をうけるとき十分にその内容が理解できるように解説した。原因・特徴・症状を中心に説明してあり、特に好発犬種や雌雄差、年齢差などにもふれてある。

犬のからだのしくみや、行動、起源や進化など、もっと犬を知りたい人たちに向けた犬のエンサイクロペディア！

イラストでみる 犬学
THE ILLUSTRATED ENCYCLOPEDIA OF THE DOG

監修
林 良博

編集
太田 光明／酒井 仙吉／
工 亜紀／辻本 元／
新妻 昭夫

- A4変型・128頁 オールカラー
- 本体3,800円

あなたは愛犬のことをどれだけ知っているでしょうか？ 犬の驚くべき感覚やからだのしくみ、行動、起源や進化・遺伝、栄養管理と健康管理などをオールカラーのイラストをふんだんに使いビジュアルに内容を理解できるように説明。もっと犬のことを知りたい人たちに向けた犬についてのミニチュア・エンサイクロペディア。飼い主が犬を学問的に理解するための一冊。

イラストでみる 猫の病気
The Atlas of Cat Diseases

編集
小野 憲一郎／今井 壯一／多川 政弘／
安川 明男／若尾 義人／土井 邦雄

- A4変型・146頁・オールカラー
- 本体4,400円

あなたは猫のことをどのくらい知っていますか？

イラストでみる 猫学
THE ILLUSTRATED ENCYCLOPEDIA OF THE CAT

監修：林 良博
編集：猪熊 壽／太田 光明／酒井 仙吉／
　　　工 亜紀／新妻 昭夫

- A4変型・110頁・オールカラー
- 本体3,800円

最新 獣医寄生虫学・寄生虫病学

石井 俊雄・著　今井 壯一／最新 獣医寄生虫学・寄生虫病学編集委員会・編

- B5・380頁
- 本体12,000円

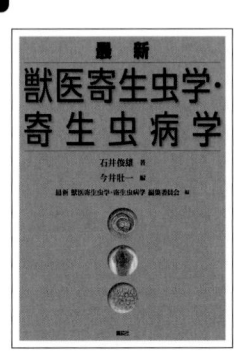

不朽の名著が、最新事情に対応してリニューアル。豊富な資料や独特の語り口はそのままに、近年知見が大きく変わっている分類や薬剤をはじめ、重要性が増している生物や、その他知見が更新している情報を最新事情に対応させた。さらに、外部寄生性節足動物の章も追加。獣医国家試験までに必要な範囲はこれ一冊でカバー！

※表示価格は本体価格（税別）です。消費税が別に加算されます。

「2020年2月20日現在」

講談社サイエンティフィク　http://www.kspub.co.jp/